柯竹書・楊愛蓮 著

設計師的機智

24/7 WORK
SITE RECORDS

工地生活

和師傅溝通
一次OK!

要記住圖面永遠只是施工參考，工地現場實地執行的微調，才見真章。

設計，
也是一種強迫症

當設計師的，總有些特質。慣性在生活上替自己累積靈感，一次 1 個、5 個、20 個，放在心裡，會立馬成型嗎？不會。要等等。有些是要放著，等待有緣人出現，等待讓靈感有機會成真的化學反應。

那位有緣人，就是那位願意讓你放手做的業主，他出現了，我們才能提供專業，為他解說提案，等待業主願意點頭，也僅是打開某一段開關罷了，真要把之前累積的想法付諸實現，得去做到所謂的執行，而執行過程中，或許順遂，或許一波三折，中途腰斬。

設計師有如負責掌舵的船長，帶領工班團隊，將平面上的空間設計圖，轉化成真。其中的過程，「他」，必須找到對的專業師傅，同時審慎以對每個施工過程。

而每個工地突發狀況不會永遠一樣，設計師的職責無非在掌控這些突發的變數。回首數十年的設計與工地經驗，為了精準操控每個環節，我習慣先在腦中計算每個施工步驟的可能性，留意不同材質施工介面與尺寸差，化繁為簡，把細節拆解步驟123，好和工班師傅溝通說明施工注意事項，好去實現理想的設計願景。期以自身經驗分享與君共勉之，成就美好設計。

大湖森林 設計總監

好東西不私藏

我常對助理說實戰比畫圖更重要，你畫了很厲害的圖，如果現場無法施作，再好的設計圖都會變成廢紙。說真的，我做設計這行業那麼久，每個工地遇到的事情都不一樣。有些是突發性或拆除完現場才會發現，例如，拆除後才發現管道間的吊管在滴水，或是管道間的磚牆沒有砌到頂，這時候我們的工地經驗變得格外重要。多年經驗會告訴我們該如何在很短的時間內，在減少過多損耗的狀況下，去解決問題。

相對，我們更重視工地管理。只要工地管理好，許多事情也是可以避免發生。像是工地剛施工好的大理石枱面，不管是不是快接近完工，保護程序一定不能少做，因為工程尾聲，很多工種都在現場收尾，若沒做好保護，依我們的經驗，現場施工人員很容易把飲料或使用的工具放在枱面，容易造成美容好的大理石枱面刮傷或表面吃色。另外，木地板施工完絕對不允許施工人員和設計師（包含我自己）穿鞋子進去走動或收尾。

這些全靠設計的經驗及工程中對周遭事物的觀察與細膩度。

再說一遍，施工期間的工程管理真的非常重要，在工地中會發生的大大小小事情，有那些是我們可預防的，有那些是可以避免發生的，精華都在這本書中，分享給讀者我們多年來累積的設計施工經驗，希望大家裝修自己的房子時不會走冤枉路。最後重點，錢一定要花在刀口上，祝福大家心想事成，順利完成夢想中的家。

大湖森林 執行總監 楊愛蓮

經常和朋友說我的人生都上演在工地。
一個設計師的養成，
實戰經驗占了很大一部分。

CONTENT 目錄

CHAPTER III
施工 vs. 監工　30 個上流裝修必看細節

< 拆除篇 >

< 水電篇 >

CONTENT 目錄

CHAPTER IV
秒複製創意設計施工要訣

一張圖
看穿設計真相
Behind Story

勘查、畫圖、拆除、水電、泥作、木工、玻璃、鐵件、油漆...，最後設備、窗簾軟裝再進場，最終清潔、驗屋、交屋，再熟悉不過的裝修流程，所耗時間可能因空間條件不同，需花上 1 到 3 個月，或動輒 6 個月甚至更久。

但無論哪種情況，都需要確保施工有無到位。從水電到油漆等眾多工種，師傅是否能按著設計師規劃來進行，而設計師可否和工班師傅有效溝通協調，全程掌控所有流程。

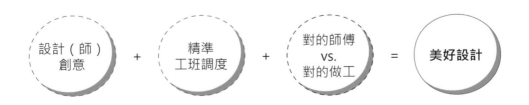

美麗是要代價
讓不同工種師傅好好分工合作

天花板 / 主力木作

- 內藏冷氣管線、排水管路與電路（設備廠商、水電）
- 最後油漆修飾表層（塗料）
- 照明燈具安裝（燈飾廠商、水電）

隔間牆 / 泥作

- 新造紅磚牆（泥作）
- 預鑿水電管路（水電）
- 如為浴室隔間，還需注意防水（防水）
- 如壁面不再做任何處理，最後油漆塗料或貼磚（油漆或泥作）

造型浪紋壁面 / 主力木作

- 木作師傅下角料結構，好內藏燈具開關電線（水電）
- 面板繃布，布料廠商代工處理，再交回木作工班拼接（木作、設備）
- 小心計算距離，鑲嵌金屬條（鐵件）
- 浪紋間隙處噴漆收尾（油漆）

一扇落地窗需要的不僅是鋁門窗工程，還要泥作先打底好立框；一面收納展示櫃，木工師傅之外，可能要配合水電預拉線路。你看到美麗的花磚、精美牆面，表面看到的，背後有數個工種師傅交錯分工打造。

地板鋪磚 / 主力泥作

- 水電管線走地面，會需要水電預埋管線（水電）
- 廚房、浴室區域的泥作，需有防水程序（泥作 + 防水）
- 地磚工法不同，師傅也不同（泥作）

中島 / 主力木作 + 水電

- 中島搭建主結構體（木作）
- 中島安裝電陶爐、水槽，要重拉電路水管理設（水電）
- 其他廚房電器安排，要注意用電量規劃（水電）
- 枱面是大理石或貼人造石，跟著工法找師傅（石材廠商）

一張表
看懂裝修流程在複雜什麼

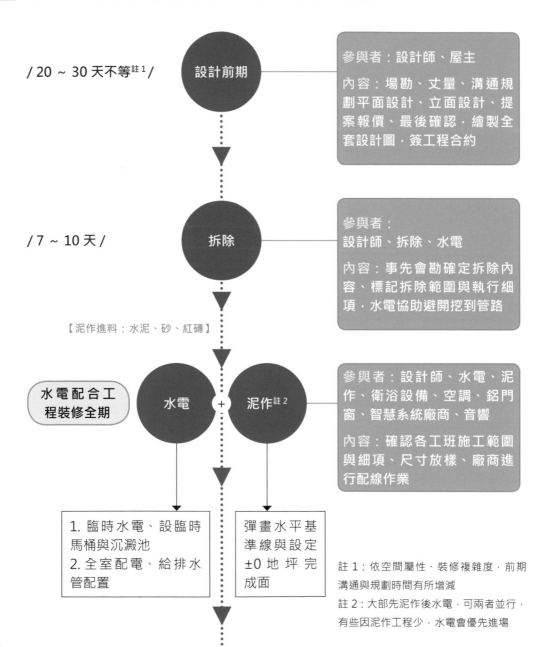

/ 20 ~ 30 天不等[註1] /

設計前期

參與者：設計師、屋主

內容：場勘、丈量、溝通規劃平面設計、立面設計、提案報價、最後確認，繪製全套設計圖，簽工程合約

/ 7 ~ 10 天 /

拆除

參與者：
設計師、拆除、水電

內容：事先會勘確定拆除內容、標記拆除範圍與執行細項，水電協助避開挖到管路

【泥作進料：水泥、砂、紅磚】

水電配合工程裝修全期

水電 ＋ **泥作[註2]**

參與者：設計師、水電、泥作、衛浴設備、空調、鋁門窗、智慧系統廠商、音響

內容：確認各工班施工範圍與細項、尺寸放樣、廠商進行配線作業

1. 臨時水電、設臨時馬桶與沉澱池
2. 全室配電、給排水管配置

彈畫水平基準線與設定±0地坪完成面

註1：依空間屬性、裝修複雜度，前期溝通與規劃時間有所增減
註2：大部先泥作後水電，可兩者並行，有些因泥作工程少，水電會優先進場

師傅的「上班日」暗藏玄機。工班的進出考驗負責監工施工的設計師調度能力，想自行發包修繕的屋主，頭疼的地方也在這。工班該怎麼抓？用一張表說給你聽。

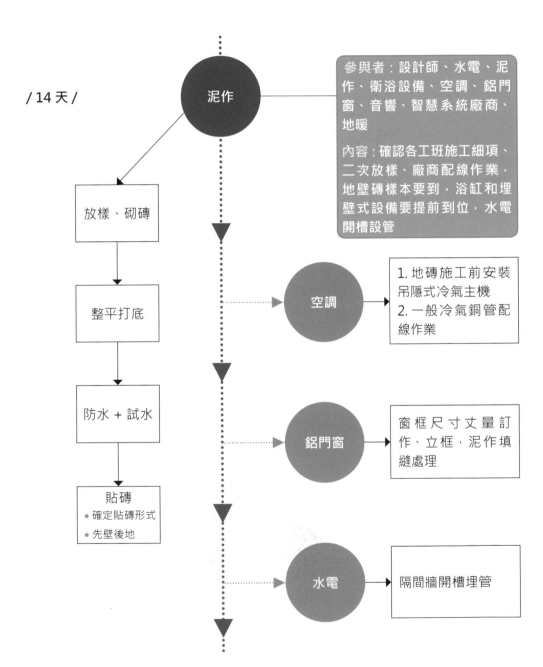

/ 14 天 /

泥作

放樣、砌磚

整平打底

防水 + 試水

貼磚
- 確定貼磚形式
- 先壁後地

參與者：設計師、水電、泥作、衛浴設備、空調、鋁門窗、音響、智慧系統廠商、地暖

內容：確認各工班施工細項、二次放樣、廠商配線作業，地壁磚樣本要到，浴缸和埋壁式設備要提前到位，水電開槽設管

空調
1. 地磚施工前安裝吊隱式冷氣主機
2. 一般冷氣銅管配線作業

鋁門窗
窗框尺寸丈量訂作、立框，泥作填縫處理

水電
隔間牆開槽埋管

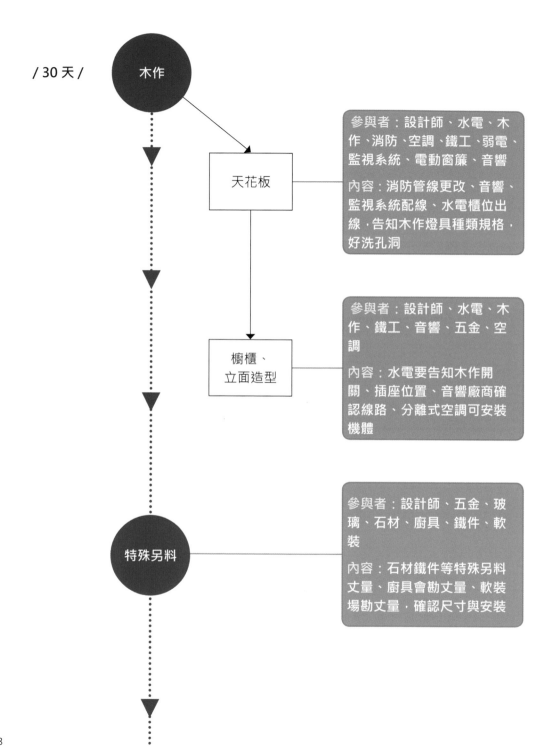

/ 30 天 /

木作

天花板

參與者：設計師、水電、木作、消防、空調、鐵工、弱電、監視系統、電動窗簾、音響

內容：消防管線更改、音響、監視系統配線、水電櫃位出線，告知木作燈具種類規格，好洗孔洞

櫥櫃、立面造型

參與者：設計師、水電、木作、鐵工、音響、五金、空調

內容：水電要告知木作開關、插座位置、音響廠商確認線路、分離式空調可安裝機體

特殊另料

參與者：設計師、五金、玻璃、石材、廚具、鐵件、軟裝

內容：石材鐵件等特殊另料丈量、廚具會勘丈量、軟裝場勘丈量，確認尺寸與安裝

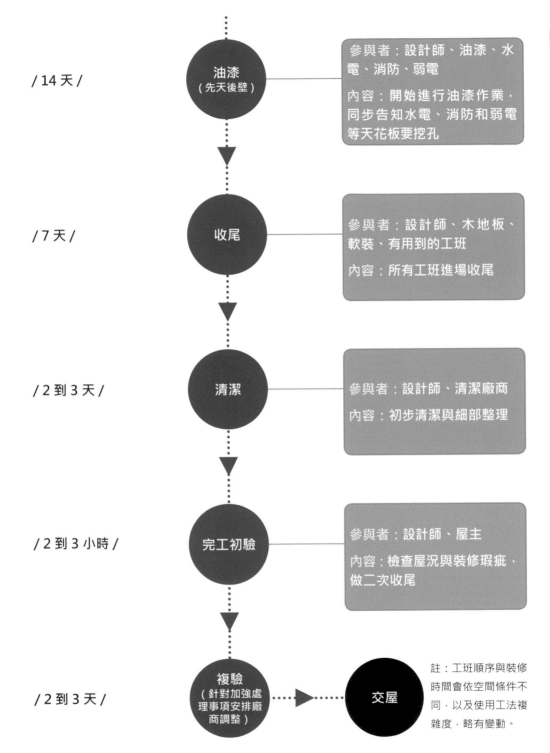

/ 14 天 /

油漆
(先天後壁)

參與者：設計師、油漆、水電、消防、弱電

內容：開始進行油漆作業，同步告知水電、消防和弱電等天花板要挖孔

/ 7 天 /

收尾

參與者：設計師、木地板、軟裝、有用到的工班

內容：所有工班進場收尾

/ 2 到 3 天 /

清潔

參與者：設計師、清潔廠商

內容：初步清潔與細部整理

/ 2 到 3 小時 /

完工初驗

參與者：設計師、屋主

內容：檢查屋況與裝修瑕疵，做二次收尾

/ 2 到 3 天 /

複驗
(針對加強處理事項安排廠商調整)

交屋

註：工班順序與裝修時間會依空間條件不同，以及使用工法複雜度，略有變動。

設計必須在配合生活使用的前提下，解決各種疑難雜症。該案有自然採光卻面臨西曬問題，窗戶旁邊直接面對的是大馬路，如何在室內保有採光，兼顧空氣對流順暢，營造出屋主想要的輕奢華法式氛圍。我們透過低比例的線板，配合木作、泥作和一些彩度配色，以及軟裝，來實踐主題。

▍設計的奧義 ▍

- 木百葉配合氣密窗，可隔絕噪音，百葉的厚度可隔熱緩減西曬高溫，開窗縫隙又能玩光影效果，同時引導空氣流動。
- 落地窗木作大尺寸古典線板噴漆，把窗當畫框，框住遠山自然景色。
- 大理石拼貼錯落層次電視牆，一個貼錯，圖案會走鐘，必須明確編號讓師傅好操作。

↑捕光造影，也是設計手法之一。

↑客廳運用的工種頗繁複，如基礎水電、泥作、大面積開窗的鐵件、鋁窗工程等。

設計靈感源自旅行中曾住過的飯店。

簡單的材質可以做出絢麗效果，屋主們想要精打細算，但基礎工程和工法可不能跟著省預算，尤其是浴室，它的施工複雜，水電和泥作的默契要夠，由他們打好底子，我們才能運用其他建材來玩創意。你可以仔細觀察一些五星飯店的浴室玻璃，多為灰茶色，經由燈光折射產生的視覺作用，可以讓飯店使用的物品質感提升不少，所以找來玻璃廠商，把傳統浴室淋浴間愛用的輕玻璃門，改成有色玻璃，透過光的折射照映在地磚、洗臉槽、浴櫃、石材枱面等不同介質設備，整間光影夢幻到不行。

▌設計的奧義 ▌

・有色玻璃玩光影，同樣的顏色透過光照在不同材質，呈現不同色彩變化。

・浴室馬賽克貼磚，需留意陽角的收邊處理細節，考驗泥作師傅功力。

・純靠洩水坡度和地坪高低差，取代傳統門檻來達到止水、洩水功效。

↑色玻折射營造情趣。

↑浴室施工考驗工班彼此默契。

一生受用！
機智的現場工班管理
Supervisor Hints

裝修現場生態千奇百怪，只要有個環節稍微沒處理好，可能要面臨拆掉重頭來過的風險。讓師傅們能按步驟施作，需要可以讓各工班絕對順從的「大工頭」！是媲美 coordinator 居中協調的設計師？想撩下去自己監工的素人屋主行不行？！

管的人是 key，方法也很關鍵，有好的現場工班管理（遊戲規則），讓理性科學與感性人際合作，可以減少與師傅之間的不良溝通摩擦，提升施工效率和精準度。

遵守管委會行政流程
減少日後施工糾紛

一拿到施工圖，馬上請師傅開工？還沒！除了和各工種師傅逐步說明屋況和處理手法，該有的行政流程永遠走在施工的最前面，而且每個工地條件不同，面對的行政作業也不盡相同。電梯大樓與部分中古屋有管委會，那得和管委會交涉，如果是新成屋還未轉移產權，仍屬建設公司管轄範圍，便得照建設公司規定走。

事前行政作業有哪些？按各社區大樓管委會規定各有千秋，基本流程不外乎：

· 管委會前置作業 —— 申請施工許可、繳
  交保證金
· 大廈張貼施工公告
· 進出公共空間的保護處理 —— 公用電
  梯、卸貨區、停車區、裝卸運載必經
  的走道通路

↑從停車卸貨地方開始，搬運物料的路徑通道全需鋪設保護工程。

↑要有好格局，多半室內隔間配置得做適度調整。

部分社區大樓管理若是交給物業管理公司處理時，就需和物業確認。即便沒有像管委會的老舊住宅，要正式動工，也有些必要的前置作業，不然動輒數月的裝修期，變得擾民，與周邊鄰居美好關係將因一場裝修鬧得滿城風雨。

釐清管委會裝修規範
避免被罰款

在管委會制定的遊戲規則下，擬定對內（施工案場）遵守規矩。至於沒管委會的傳統老式公寓，則需做好公共區域的保護，特別是大門出入口，避免建材設備進出時有所毀損，另外器材物料的存放也勿佔用公共空間影響住鄰的日常行動，當然能同步張貼有通過政府許可的施工公告，更是再好不過。後者可預防有心人找碴。

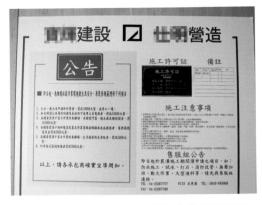

↑各管委會會針對施工時間、嚴禁行為提出明確規範，以罰鍰方式來要求施工單位遵守。

↑工地產生的消費性垃圾和建材廢料，其清潔和收放位置都有一定規範，施工前要先了解。

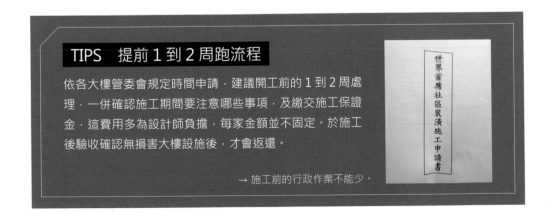

TIPS　提前 1 到 2 周跑流程

依各大樓管委會規定時間申請，建議開工前的 1 到 2 周處理，一併確認施工期間要注意哪些事項，及繳交施工保證金，這費用多為設計師負擔，每家金額並不固定。於施工後驗收確認無損害大樓設施後，才會返還。

→ 施工前的行政作業不能少。

豪宅裝修施工規矩更嚴苛

愈是豪宅等級，規矩更多更嚴格，施工時間、行走的通道，樣樣都標示外，工程細節也要在遞交申請裝修許可時，說明清楚，像哪裡有要移位或做變更，得事先提出。施工期間管委會可能不定期巡視檢查，一有違規，直接開罰。

↑有管委會的社區大樓施工，需向管委會申請施工許可，並將相關注意事項張貼在案場顯眼的入口處，讓大家都看得到。

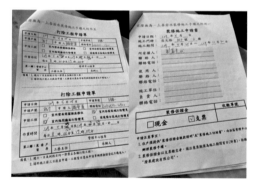

↑開工前，需向管委會提出施工申請，繳交保證金。

↑美麗空間背後的施工歷程複雜，一關卡一關。

↑室內有變更拆除的，按各管委會要求，需事先提出申請，不得隱瞞。

↑中古屋因為多半整間拆除重新裝修，很少要保留的設備或其他物件，較沒有需要事先拍照註明哪裡有瑕疵損害。

II

一
生
受
用
！
機
智
的
現
場
工
班
管
理

拍照自保免去不必要誤會
動工前和社區總幹事清點現況

前面提到放在管委會的施工保證金是用來折抵大樓因施工造成的損失，現實中這部分頗易引起爭議。當一般住戶行走的大廳出現大理石裂縫，或是在和案場同層的電梯出入口發現壁面有刮傷，不去深究發生的緣由，不管三七二十一，直接認定是裝修引起，從而扣押保證金。如此情事大有人在。

曾聽聞業界有人遇過工地施工期間，隔了好幾戶巷子尾的住戶跑來抗議，他家廚房磁磚因施工關係導致碎裂得賠償損失，一看明顯是老舊磁磚龜裂有好一陣子，硬推到工地身上，不管誰遇到，都得好好解決。

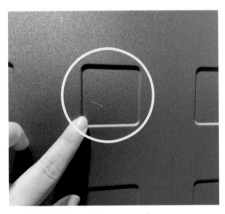

論孰是孰非，兩相爭得面紅耳赤，到頭只會兩敗俱傷。所以做好詳細的施工紀錄，格外重要。從場勘丈量的第一天開始，很是建議在開工前要替工地內外貼保護貼時，先買個保險，一切拍照記錄，愈詳細愈好。

↑新成屋剛交屋，地板和大門是全新狀態，施工前要注意這些保留項目的現況為何，發現問題得先記錄下來。

TIPS 管委會陪同檢視周遭

不要自己單獨拍，找管委會陪同一起檢查，最好確認當天櫃檯人員或社區總幹事為誰，並保留對話紀錄或經當事人同意拍照，將紀錄同步傳送給相關人等。萬一哪天窗口換人，也好釐清事件。

→ 找管委會相關人員陪同檢查。

開工前現況記錄　好釐清責任歸屬

· 室外要貼保護的區域 —— 工人要行走的路徑、建材卸貨載貨的動線
· 施工現場的室內檢查 —— 窗戶、大門、磁磚、設備
· 公共空間 —— 大樓共用空間，裝修會運用到的場所，如停車場、電梯等

有些新建大樓可能一次多組設計案前後進場施工，人口出入複雜，難免發生碰撞刮傷，有記錄就有真相，或許會覺得凡事拍照太吹毛求疵，但現場如果是在建設公司剛蓋好的新成屋，還沒正式交屋前，你所看到的建築物瑕疵傷害，責任會在建設公司身上，若在這時沒發現問題，等到設計師進場動工了，或屋主自己捲衣袖自己來監工裝修，那麼一切損害由誰來承擔，怕易引起爭議。

↑預防性拍攝記錄公共空間，如電梯大門、樓梯間與消防栓等公共設施，可有助釐清彼此責任。

TIPS　遠近拍紀錄避免漏勾

拍照時，建議用手指當標示匡列瑕疵區域，最好能近拍看清損傷處，加上遠拍，看得到是哪裡，避免時間過久，忘記是拍哪個地方。

↑近拍（左）、遠拍（右）最好各來1張，才可以很清楚知道該區域位置是在何處。

師傅是裝修最軟的軟肋
訂人性化工地衛生清潔守則

現場
工班管理 2

無論是哪種工地類型，社區大樓、豪宅或老屋，最重要的現場工班管理，非樹立衛生清潔守則莫屬。從建材物料的搬運儲放，到施工時間的訂立、工程期間造成的生活廢棄物，該如何堆放清運，以及對師傅們最切身的工地臨時廁所，須明確規範，同時考量管委會的施工規定，一般最常聽到、遇到的如下：

· 施工進出須換證，須以有照片的證件為主
· 工人依規定行走特定施工通道
· 使用指定電梯
· 全區室內外禁菸，如有需求，須在管委會指定的特定場所進行
· 未經許可不能使用公共電源
· 生活廢棄物需自行清運，不得占用公共資源
· 如有延長施工時數，須 1 周前填寫申請單，提出申請
· 不得擅用大樓洗手間，須設置臨時廁所

↑工地最引人詬病的施工規範就是關於洗手間的運用。拆下的馬桶，建議別丟，可當臨時洗手間用。

優先解決師傅衛生需求

較有爭議性的是廁所使用與可施工時間。師傅是人也有生理需求，不能使用洗手間，有些強人所難，所以得另想他法來解決；施工多少伴隨噪音，一個拆除，拆牆、拆地板，機器一鑽、榔頭一敲打，喀隆聲不斷，所以得在管委會規定和師傅施工時段之間，取得平衡共識。

允許可施工時間要先圈記　告知工班師傅

通常張貼施工許可證之外，會從管委會那領來一份（本）施工規範，密密麻麻寫滿注意事項的條文，豪宅等級的規章更厚，依規定須將它公開張貼在工地現場。但它往往不是給廠商、師傅看的，因為師傅們並不會仔細閱讀裡頭每個字句，而是用來提醒設計師時時刻刻要留心，所以要先替工班畫重點，再回過頭來告知最最重要注意事項。

↑管委會施工注意事項，需張貼在大家看得到的地方。

↑工地人生百態，也請尊重工班師傅們。

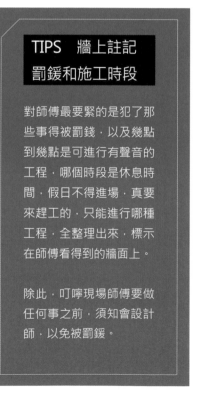

TIPS　牆上註記 罰鍰和施工時段

對師傅最要緊的是犯了那些事得被罰錢，以及幾點到幾點是可進行有聲音的工程，哪個時段是休息時間，假日不得進場，真要來趕工的，只能進行哪種工程，全整理出來，標示在師傅看得到的牆面上。

除此，叮嚀現場師傅要做任何事之前，須知會設計師，以免被罰鍰。

拆卸的馬桶不要丟
給工班當工地臨時廁所

工地裡最引人詬病的，無非是和衛生清潔有關，公用馬桶不能使用就算了，案場內的洗手間，對部分有嚴重潔癖的屋主來說，捨不得新房子新馬桶，難免心裡有些疙瘩，工班師傅對這等情事早已見怪不怪，可你也不能怪屋主小鼻子小眼睛，畢竟彼此出發點各異。不過，師傅們的人權與權利亦不可忽略。

坊間確實有些糾紛從中而來，甚至還聽過有工人會在公共樓梯間隨意方便，被鄰居不小心偶遇。可別因此替師傅貼上不良標籤，為了解決這道課題，完善的裝修案場會安裝汰換的舊馬桶，充當工地臨時便器，沒舊馬桶的，可買一個較便宜的馬桶，請水電工來接臨時水電時，安裝上去，供大家施工期間有解決生理需求的場所。

↑師傅很清楚新成屋、或剛安裝好的馬桶不能任意使用，但施工中，也須給師傅們一個方便。

↑臨時馬桶可以拆卸下來的舊式馬桶或售價較低的來替代使用。

TIPS　偏遠地區可設行動廁所

當工地在偏遠山區，找公廁都有難題，沒有舊馬桶的話，可以在周邊空曠地安設臨時的行動廁所，這其實在預售屋建案、正興建大樓工地很常看到。

成立專屬清潔區
水電配管過濾髒水再排放

施工過程中自然會產生粉塵、泥砂髒垢以及建材廢料，師傅們亦需清洗他們的工具。
泥作工班要洗刷沾黏的土膏，那髒汙流滿地畫面可以想像；油漆師要傾倒甲苯，洗滌
刷具，就怕那些具有侵蝕性的化學物質沒妥善處理，堵住了水管，後續處理很麻煩，
若是中古屋管線老舊，那更會形成破壞，傷害管路。

豪宅對這類髒汙廢水處理頗為謹慎，會在施工管理規章明訂，工程廢水需要過濾乾淨
才能排到排水孔，而且還會有指定地排。為此，可以請水電協助自製工地用簡易汙水
沉澱池。

· 準備兩大桶子，一高一低，各黏接排水管，水管也需有一高一低
· 上層鋪層網子，髒水先倒到高桶，進行第一回沉澱
· 類虹吸作用，汙水自動流到低的桶子，再度過濾雜質
· 二次沉澱後的汙水引管排入指定地排

裝修廢棄污水過濾排放示意

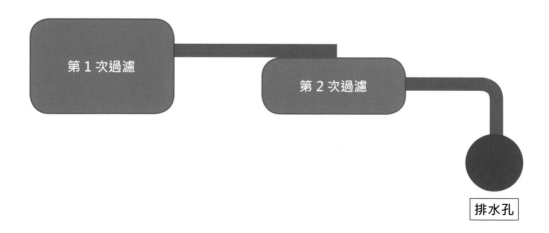

第 1 次過濾

第 2 次過濾

排水孔

II

一
生
受
用
！
機
智
的
現
場
工
班
管
理

↑訂立有人性化的工班管理規範，別讓師傅受受歧視。

TIPS 排汙水首選後陽台

排水有分浴室排水、陽台排水、冷氣
排水，而陽台排水管線是在外，因此
排放廢棄汙水常會利用後陽台的地排
進行。即便汙水已經數道過濾，仍
有些許細小雜質殘留，若透過浴室排
水，積久了容易引起室內堵塞。

↑經過過濾的汙水，必須排放到指定地排。

↑裝修工地的清潔環節也是重要一環。

TIPS 二次大清潔關係驗收程序

當日有工程的，自是要求工地領班師傅當日清掃，不讓灰塵垃圾影響周邊環境。不過待案場進行8、9成，軟裝家具窗簾要進場布置前，會進行一次全面清潔，同步讓油漆、水電、木工收尾，以利第一次驗收，做最後微調。接著還會有第二次清潔，打掃乾淨徹底，才讓家具進場，等待屋主第二次驗收交屋。

↑請水電師傅架設簡易汙水沉澱池，是現場工班管理的基本動作之一，但未必每個施工單位會嚴格遵守。

II

一
生
受
用
！
機
智
的
現
場
工
班
管
理

依照動線堆放材料
地點以不影響後面施工為主

現場工班管理更包括工程廢棄物的堆放清理，以及後續施工需要建材物料的儲放管理。沒說明規則，部分師傅會依照他們工作習慣，以方便他們執行方式任意擺放。例如泥作把他們要使用的水泥、砂石、紅磚與磁磚等等，放在離大門入口近的地方，或是把進料放在要砌磚牆的位置，影響其他人進出與施工困擾，建材器具搬來又搬去，不僅徒增人力，建材更有耗損風險，極有可能造成期間不必要的損耗成本。

所以，所有工種師傅進料前，須對照平面圖，確認擺放位置。而物料與器具的擺放位置，沒有制式規定，但依下列兩大因數調整，最終以不能影響後續施工為最高原則。

變數 1：施工時間

混合施工期，同一時間有不同工班進行，以不影響該工程動線為主。如水電和泥作工程，初期時間常重疊，泥作大量堆放的紅磚、水泥砂等物料，不能影響到水電開槽埋管動線，反之亦然。

↑工地要堆放建材用料、師傅的生產工具、飲用水等等，師傅一工作起來，現場如戰場，每天事後得清掃整理。

變數 2：工種順序

先進場者，不能影響後面銜接工種作業。如拆除後換水電、泥作進場，工程廢棄物便不能擋住要水電泥作進料的動線。另外有些建材怕濕氣有水分，忌諱放在有水的地方。例如水泥砂應避免放靠窗處，免得淋到雨潮濕，無法使用。

↑木作需在現場切割板材，他的電鋸工作枱就近擺放，但不得影響所有人出入，因這時的泥作也退場，或只剩下零星工作區，彼此干擾度不大。

大門密碼鎖面板貼保護膜防刮

入口大門若是採密碼鎖，因密碼鎖得靠感應才能使用，採取一般較厚的保護材質，怕影響感應靈敏度，又得擔心進出時刮傷，建議面板覆蓋兩層透明的保護薄膜，以免感應不良。

大門門檻保護兼當小坡道

因為裝修初期水電、泥作進料，他們的材料器具頗有重量，為避免壓傷門檻，會將大門門檻的保護措施做到雙倍以上，堆疊數層保護材質，這樣的好處是可以形成無障礙坡度。利用數層保護材堆出一個弧度，方便讓推車運行。

配件拍照存檔記錄

設備全新沒打算換，拆卸下來，外觀檢查無誤後，確認零件數目，拍照記錄避免日後一忙，忘記組裝零件有哪些，隨後做保護，物件較小的可裝進紙箱集中於一區存放。特別是新成屋，不少五金小配件得先拆，等完工後再重安裝。

廚具浴缸事前封箱

新成屋附贈的廚房設備，沒有要進行替換的，可以事先貼層保護，以防師傅使用水槽，導致刮傷或染色，浴缸也是如此。畢竟有些師傅求方便會將浴缸當儲物櫃，工具包包全往裡面堆，浴缸表面很容易刮損。

現場工班管理 3

開工前施工中沒做保護工程修繕費用花更大

你很難百分百預防設計案現場不會有下列情事：

· 新買的淋浴龍頭有刮痕

· 浴缸才剛安裝，師傅把隨身包包、工具放浴缸，造成磨損

· 淺色臉盆有使用過痕跡，還清洗不掉

· 廚房水槽被倒油漆廢料、洗刷子，水槽不鏽鋼表面氧化生鏽，整個堵住排水孔

· 扶手梯、木櫃還沒「開箱」竟出現掉漆

· 進出大門、門檻莫名被刮傷，事後得補漆

· 建商新成屋附贈的馬桶有裂痕，被敲碎一角

對工班、對設計師，一旦發生上述「慘案」，屋主有權利要求更換新品，歹誌就大條了，除了設備費用要自掏腰包外，有些器材得整組拆掉重來，像是水槽要替換，人造石枱面得先卸下；馬桶重換，周邊地磚可能得敲掉部分，泥作等於要再來一回，衍生其他裝修費用，後果難以想像。

↑新成屋地板若不拆，裝修前得預先做保護工程，以防刮損。

↑設計師有時會陪同屋主驗屋，在裝修進場前，確定屋況，有哪些是要建設公司負責的。

施工前保護周邊環境設備
依工人卸貨搬運路徑沿路貼

根據各家管委會規定，施工前的保護措施也略有差異。但不外乎只要搬運建材物料會經過的地方，都要貼保護層，防撞擊刮傷環境設施。從停車卸貨區開始，工班師傅每天「上班」要經過的路，沿路周邊加做保護工程。

· 裝修案場的大門起算到公共電梯間的走道
· 施工專用電梯內部壁面地坪（管委會指定電梯），嚴格的連天花也要貼保護
· 使用電梯地下室入口到指定卸載貨地點通道

↑新大門怕碰撞，要先包一層軟墊塑膠套保護。

工地現場（室內）正式動工前，相關周邊也要做好保護動作。中古屋大部分全室拆除沒這方面顧忌，頂多在入口大門周邊牆壁貼瓦楞板或其他防護材質，預防刮花牆壁或公用窗。新成屋，建商附贈的設備全新，若沒有更換打算，能拆卸下來的，包好保護套，集中存放，好比浴室馬桶、淋浴蓮蓬頭等，而不能拆的像是大門，現場直接貼瓦楞板泡棉，接縫處黏封箱膠帶，以免交接處覆蓋不全，有保護等於沒保護。

↑施工案場外的周邊區域，以薄夾板做保護工程。

↑從停車場開始的行經走道，沿路貼瓦楞板。

II

一
生
受
用
！
機
智
的
現
場
工
班
管
理

↑裝修的前中後期，得視狀況給予適當保護作業，以免期間設備或做好的工程有所損耗。

泥作貼好地磚後要預防被破壞
普遍用夾板 + PVC 瓦楞板

早期施工鋪的保護層就薄薄一層夾板，多半是泥作貼好地磚，換木工進場時，簡單鋪夾板保護地磚，以求在後續 2 至 3 個月漫長施工期間，避免貼好的磁磚受損，但因為工期長，師傅進出頻繁，難免過程中有水氣潮濕，夾板是木做的，一受潮變色，鋪在底下的地磚便有吃色風險，尤其淺色磚更明顯，故改加 pvc 瓦楞板，瓦楞板在下，夾板在上。

↑地磚一貼好，抹縫風乾 1 至 2 天，先行地板保護，接著才能換木作進場。

不過，千萬別只用瓦楞板鋪地面，該材質僅有 3 mm 厚度，剖面看結構是中空型，一有重物摔落，無法製造緩衝，地磚只有碎裂的份。

↑木作正式動工前，已做好的新地坪板須做好防護措施，以免刮傷耗損。

TIPS 地磚填縫乾透再保護

地磚貼好後，勿急著上保護，至少等 2 個工作天透氣，讓地磚連填縫都乾了，再進行。但磁磚填縫如果是用白色，建議先不填縫，避免白色填縫劑日後卡灰塵易髒，接近收尾清潔好時，再來填縫。

→ 貼磚泥作在裝修來說，是頗吃重的施工階段。

做好的階段工程覆蓋保護層
降低事後刮傷修補機率

如同地坪貼瓦楞板和夾板，是要保護已施工好的地磚。部分階段工程結束，也需要就地給予保護。這部分特別以容易受損難維護的設施，以及怕刮的石材類最為要緊。舉凡浴室的洗手枱面、中島枱面以及電視櫃枱面等，預防後續木作、油漆和水電進場，不小心碰撞磨損。

另外，家裡有打算安裝地暖的，記得地暖廠商一施工好，得趕緊鋪層塑膠瓦楞板或其他保護材質，先做臨時防護，免得出入間，一個無心之過，導致地暖設備損壞，隨後務必請泥作或木地板等地坪工種師傅優先施工，如此才能真正讓地暖有保護傘。

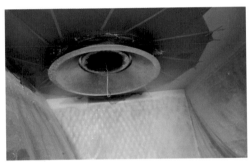

↑天花圓頂貼金銀箔，因材質較脆弱又珍貴，為避免後續施工受到損毀，最好油漆完工後再進場施作。

↑現場打版確認浴室梯形狀大理石階石材尺寸，打版裁下的夾板，日後可為大理石階的保護膜。

↑愈是造價高的物件設備，後頭還有大工程要進行，安裝後請先予以適當防護。

設備安裝放樣後
現場套保護層防碰撞

除了地面牆壁的保護措施，設備類的保護措施也不能輕忽，像有些高檔廚具、衛浴設備，一刮花，真的難辭其咎。建議設備廠商提前進場，及早將配件放樣，讓師傅好抓準尺寸距離，避免誤差過大之餘，但設備材料來來回回，難免碰撞風險提高，相關的防護措施更不能輕忽。

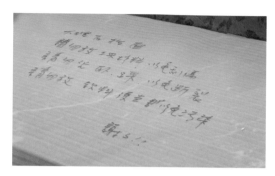

↑大理石枱面安裝好，除了貼保護層，建議可簽字筆註記，請師傅施工中小心。

木作針對易碰撞邊角保護
油漆階段要拆保護工程才能施工

木工進場作業，依工程需要，局部拆除地板保護，拆到哪做到哪，如中島，會將中島所需面積的保護板裁挖，露出需施工範圍區域，要做電視櫃，便拆掉電視櫃所在周邊塑膠瓦楞板。一般木工師傅釘壁櫃，成型時不太需要加做保護動作，但好的師傅會幫你留意邊角，容易被碰撞撞凹到的，會用夾板、瓦楞板或紙板等保護材包覆邊角，降低耗損風險。

反觀接著後頭進場的油漆，他會需要拆掉保護，才能噴刷油漆。專業的油

↑邊邊角角容易損傷的，木工會視情況而定，邊角加以保護，避免碰撞。

漆師傅，更會視現場狀況，做施工期間的防護作業，好比噴漆過程產生的粉塵會附著牆面、新作壁櫃、設備等等，不易清洗整理時，師傅會用透明塑膠膜當臨時的防塵布幕。

這些小細節，看似無關痛癢，卻是決定現場工班管理好壞關鍵。做到位，施工才能更到位。

↑天花板噴漆前，現場需先將木作櫃體，以塑膠膜保護起來，以防粉塵附著。

II

一
生
受
用
！
機
智
的
現
場
工
班
管
理

NOTE　PE 膜 vs. 魔術貼 vs. 氣泡墊　設備類保護材質評比

瓦楞板或夾板屬硬性材質，適合四面方正結構，面對一些設備曲面弧度的，無法全覆蓋，建議用軟性可任意變形的防護材質

PE膜：類似保鮮膜概念，可防表面刮傷，包覆性強，不易產生空洞，適用於水槽、水龍頭等配件，但不耐重物或堅硬堅硬物的強力撞擊。

緩衝氣泡墊：因材質有空氣縫隙具有一定緩衝效果，減緩撞壓傷害，可搭配 PE 膜使用，包裹馬桶、浴缸、水槽等，但包裹後，材積變大，清運麻煩。

魔術貼：類一塊布結構，具防刮特性，多運用在浴缸、臉盆水槽、櫥櫃，可以搭配夾板做雙重保障。

↑ PE 膜。

↑氣泡墊。

↑似布料材質的魔術貼。。

現場工班管理 4

和工班廠商開行前會
工地直接說明施工重點

俗話說，投資前請詳細審閱公開說明書，裝修施工也一樣。須謹記設計圖只能是施工上的參考依據，如何將設計圖精準落實到工地現場，才是設計成敗關鍵。工程複雜，代表採用的工種愈多，愈需要設計師統一調度各工班師傅，免得大家各做各的。

其實師傅們都是基於善意，專心做好他們的工作內容，工法也無所謂的偷工減料，只是範疇之外的工務，未必能面面俱到，為避免發生美麗的錯誤，在事前的紙上作業列出各種情況與解決方式，到了現場再與合作的工班、設備廠商做足施工說明，溝通討論注意事項，確認尺寸樣式和做法，把會遇到的問題攤在陽光下。

↑ 想要裝修精準零誤差，有賴和你的工班師傅做足溝通討論。

拆除前會勘確認
施工當日二度現場說明

施工進場前，會先和施工單位會勘一次，因為施工單位可能無法完全看懂或理解拆除圖，因此設計師必須按圖標註牆該拆到哪，地板是否要全拆，電路水路管線在哪，小心別打歪鑿穿。不過，通常來看現場狀況的，是拆除廠商的老闆居多，即便對方有記錄，記下重點，到了動工當天，老闆未必會親自到，所以須再次向現場拆除人員逐一說明確認施工範圍較妥。

↑在工地跪趴著說明設計，已是監工日常。工程進行到下一階段前，務必和工班雙重確認施工注意事項，才能避開施工錯誤。

泥作水電兩大工種互綁
優先同步交代細節

大家背超熟的裝修四劍客，水電、泥作、木作與油漆，是空間改造的必經流程，除了注意各自工法執行的精準度，還得留意「四劍客」相互重疊影響的施工期，力求裝修零誤差。其中以泥作和水電，彼此更是唇齒相依，從隔間牆砌磚到浴室複雜施工，誰做錯了，都會影響後續作業，況且他們還是裝修初期的兩大主要工種，所以衷心建議兩邊工頭代表，最好一起和設計師現場溝通確認施工細節。

↑水電是全程配合的工種，要從頭跟到尾。

↑水電和泥作是裝修初期主要工種，期間夾雜空調、鋁門窗等程，待告一段落，換木作進來當主場。

NOTE　複合工程的工種要一起解說

工班並非整進整出，會時而交錯或重疊，有些區域涉及複合工程，需相配合的廠商、工種一起討論。以下是不同工種的組合搭配示意說明。

工程	搭配工種	說明
拆除	拆除、水電	有時可能單拆除，水電陪同可避免管線被挖壞，做緊急處理
天花板	木作、空調設備、水電、消防	天花預留管線設備位置，空調與消防管線配置，水電要做迴路與給排水管
隔間牆	泥作、水電	泥作負責砌磚，水電要預埋水路電路
壁面	木作、水電	水電照明拉線與插座安排，木作要預留插座開口
中島	木作、水電、石材、設備	木作桶身、貼石材，水電預先拉管線和用電規劃，設備負責嵌電陶爐或水槽
浴室	泥作、水電、設備、木作	泥作砌浴缸貼磚，水電安排冷熱水管與電路規劃、木作天花、衛浴設備要確認留孔位置及用電量
特殊工程（地暖）	泥作、水電、設備	泥作打底，等地暖廠商施工後再貼磚，水電預留設備用電迴路給地暖廠商

↑木作是台灣室內設計的主要施工項目，以裝修比例來說，是頗重要的一塊。

↑當你發現油漆正在施工，那表示工程差不多要進入尾聲，等油漆一退，宣告即將邁入驗收交屋階段。

美麗牆面飾板，背後必有辛苦
的工班師傅和設計師一起努力。

水電從開工跟到尾聲
要和其他工種來回確認設備規格

水電不屬於一次性施工，較像配合工程，會需要頻繁來回進出場，需全程和設計師配合，一路從拆除到泥作，到木作，水電師傅得和各工班配合確認相關事宜。

尤其在配管線，定調開關插座位置和開口大小時，水電師傅不能只按圖走，設計師除了說明配置外，遇到屋主挑選的開關面板是特殊規格時，因配線規格、尺寸大小，歐規和美規規範不同，工班間的配合須交叉來回確認。

強烈建議水電進場前，定要了解與其他工種配合的事：

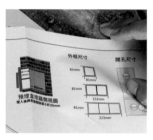

· 清楚全區開關面板尺寸、型號、埋入以及挖孔尺寸規格
· 水電圖要標註清楚有幾開，是否有對開對切
· 水電配線階段配開關面板時，進口特規面板廠商連同設計師，現場一起確認核對數量和形式，安裝前再核對檢查一次
· 木作工班進場前，也要知道壁面插座、開關面板的開口尺寸與位置

↑開關插座的大小尺寸，以及位置，圖面規劃清楚外，設計師也要現場和師傅溝通詳盡。

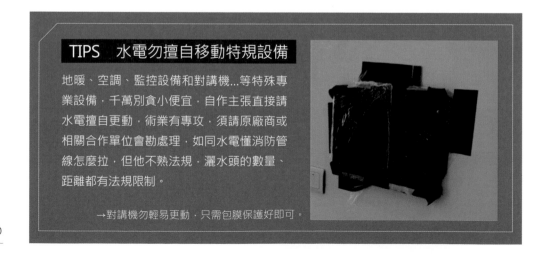

TIPS 水電勿擅自移動特規設備

地暖、空調、監控設備和對講機...等特殊專業設備，千萬別貪小便宜，自作主張直接請水電擅自更動，術業有專攻，須請原廠商或相關合作單位會勘處理，如同水電懂消防管線怎麼拉，但他不熟法規，灑水頭的數量、距離都有法規限制。

→對講機勿輕易更動，只需包膜保護好即可。

浴室工程最複雜
階段交接 + 相關工種一次說明白

前面有提及浴室工程，水電和泥作要相互配合，動工前兩邊最好同步解說，確認彼此需求。

以區域空間來劃分裝修配比，浴室占地小，涉及的工種卻也最複雜，從拆除、水電、泥作、木作、玻璃、設備商（淋浴設備、水龍頭、訂做石材洗手枱等），甚至到空調，室內設計會遇到的工種，它全包了。

↑ 美麗的浴室，運用了多種工班。

浴室施工基礎流程

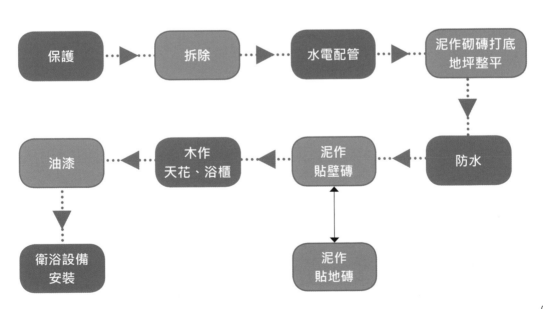

保護 ⟶ 拆除 ⟶ 水電配管 ⟶ 泥作砌磚打底 地坪整平 ⟶ 防水 ⟶ 泥作 貼壁磚 ⟷ 泥作 貼地磚 ⟶ 木作 天花、浴櫃 ⟶ 油漆 ⟶ 衛浴設備 安裝

施作前　水電、泥作、設備三方互通各自施工尺寸

泥作浴室整平要多厚，和水電工班要負責埋管的冷熱給水管線有關，線路又得合乎銜接的出水口（水龍頭、衛浴器材），配備部分則是衛浴廠商主導，一般設備還好，若是埋壁嵌入式，又回到泥作身上，拿捏泥作厚度。行前必須把水電、泥作找來共同擬訂尺寸規格，事先放樣標示，設計師和監工單位都要在，仔細比對尺寸比例。

衛浴設備廠商最好也要在場，告知泥作水電相關規格與安裝注意要點。預先將挑好的馬桶、臉盆、龍頭、浴缸、地排等，拍照附上施工所需尺寸傳給水電工班，他們更好理解。除此，提前預留施工尺寸，有不懂處亦可先提問，帶齊應帶工具。最怕吃飯傢伙沒帶到，當天作業時間又耗去泰半。

↑浴室施工複雜，流程瑣碎，動工前與施工期間，配合的廠商工班都要交代說明仔細。

階段性施工 下一組工種搭配需同步資訊

當工程告一階段換下組工種銜接，能同步更新資訊再好不過。例如浴缸砌磚已經成型，浴缸廠商需將實品送到現場放樣，確認泥作砌磚尺寸大小是否吻合，配合貼磁磚，確定需要的施工厚度。又或者，冷熱水管鑿管後，浴室牆壁防水無疑時，泥作要進入貼壁磚動作，貼的厚度要到哪，是不是可讓後來進場的設備商好安裝，每道工序都要再三來回確認。做之前比對，事後再確認。

總言之，浴室是很容易犯錯又不允許犯錯的地方，一有不慎，可能要打掉重來，為落實實用和美觀，必須和相關工種師傅交叉確認所有施工細節。

↑浴室光泥作就有多道程序。

↑浴缸與水龍頭等衛浴設備須先放樣，好讓泥作精準掌握貼磚所需的施工厚度。
← 浴室小歸小，泥作和水電得密切合作，圖浴缸砌磚放樣。

現場
工班管理 **5**

讓師傅看懂聽懂
牆壁畫重點簡單說

施工圖是給設計師和工班領班，做為現場施工依據，上頭註記密密麻麻，
還標各式顏色，師傅們未必看很懂，他們多「認領」註寫在牆壁上的記
號。對師傅而言，寫畫在牆上，更好辨識，之於設計師，所有尺寸規格
以現場實地測量為準，調配了什麼，全寫在牆上，讓大家一眼辨認，於
是牆壁成了和工班對話的最佳說明場所。

你常看到現場牆壁被噴漆寫了些數字，或用簽字筆在上頭如鬼畫符似的
標號，那就是在和師傅確認設備的位置，尺寸大小。不過，處理手法
上，可更精緻些，清楚標示施工尺寸同時，依序拆解工法步驟，輔助施
工搭配的做法說明，有時畫剖面圖，用圖記符號，好懂又好記。

↑和師傅溝通工程細節，直接畫牆面，最好辨識。

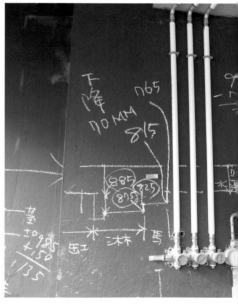

↑拍照記錄牆上說明後，需與後續施工
廠商再次確認已定案的施工尺寸範圍。

現場手寫註記＋拍照留存
有憑有據最清楚

在工地，看牆壁上的註記會比看圖面說明來得簡便又快。拿紙張現場翻翻找找，一來行動不便外，二則工地進出雜，圖面很容易遺失不見，臨場如有增改微調，是要從口袋還是包包拿紙筆寫快？抑或直接用工程筆畫在牆面來得快？而且寫在牆上有個好處是，每個進出的工班都看得到。

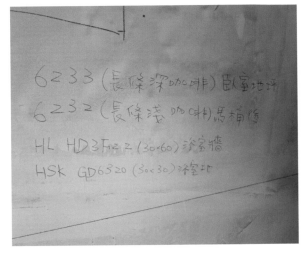

↑寫在牆上的重要註記，最好拍照留存。

↑不管哪個工種的師傅，他們習慣依現場的記號施工，因為那才是最後定案的正確規格。

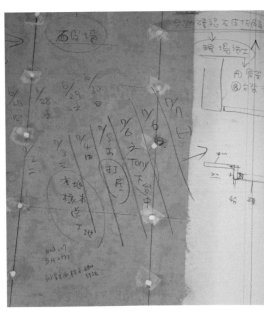

↑牆壁是很好的溝通媒介，連師傅的行程也能寫在牆上，彼此提醒。

方便對接資訊

正式施工前，設計師會在現場和工班師傅針對圖面討論，根據實際丈量的尺寸距離，或是建材用料，詳加註記。師傅跟設計師雙方彼此間，尤其清楚複合型工程涉及各種工班，不同建材的尺寸規格可能一個卡一個，往往根據現況邊做邊調整，把注意事項寫畫在圖面或牆壁上，可以方便大家核對資訊不漏接。

拍照避免遺漏

標示牆壁外，記得要拍照留存，可同步透過通訊軟體，發送給師傅們留存，彼此提醒別疏忽遺漏。另個理由則是，工地來來回回施工，難保寫在牆壁上的數字規格，不會被某工班給覆蓋掉。

↑設計師必須主導工地，做好施工控管，否則演變成各工班各自為政，這樣裝修易出包，後續惹糾紛。

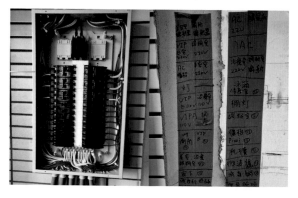

↑用多少量的素材，哪裡要配什麼建材，在工地現場，會連數量、廠牌等細節全寫在牆上，讓師傅好核對。

← 圖中的電表開關用途，建議全寫上，才不會導致後續施工有誤，日後如有檢修需求也有利進行。

↑詳細記錄每個施工過程，來回確認細節，才能確
保設計出完美空間。

木工打版放樣確認

打版放樣是裝修工程重要的程序之一，通
常我們會讓木工進行打版，在夾板寫明
尺寸，再交給材料廠商裁切需要大小，
現場確認好後，記得拍照，萬一哪方有
遺漏或疏失，隨時可找到規格尺寸。

設備放樣調整位置確認密合度

衛浴設備放樣，需標記正確設備挖洞位
置，比對規格是否無誤，同樣要拍照留
存。為避免碰撞刮傷，還未正式嵌入固
定時，一定要妥善保護。

畫在紙上 + 標記建材編號
對照方便好施工

遇到比較複雜的複合性工程時，在牆上標示外，同步註記在設計圖，加以顏色區別，對師傅來說辨別度相當好認。因為人是圖像思考大於文字認知，數字化、色塊化，是理解最快路徑。認顏色、看數字，他們更好施作，無須擔心哪步驟有疏忽。

曾經地坪貼磚同時使用乾式和軟底工法，一口氣用上六角磚和 60 x 120 cm 大尺寸磚，六角磚還穿插顏色，錯落在大尺寸磚內，哪塊要貼哪裡，最好的辨別法就是畫不同顏色區分，甚至在磁磚寫上編號，兩相比對，師傅不會一個頭兩個大。

同理，需要多重建材拼貼組成的設計，好比壁面有無數長形木紋板、石材凹凹凸凸拼組成裝飾主牆，哪塊銜接哪塊，直接板材標示編號，不怕找錯物料。

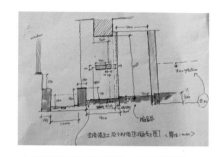

↑標色註記剖面圖說明，師傅更好懂。

↑料要用多少，全都編號處理，還可同時清點數量。

TIPS　放樣也是現場標記

想讓做工細緻到位，放樣動作不可少，況且，放樣也是讓師傅有規矩遵循的一種標記手法，好比設備類或磁磚排列組合的放樣、紅磚隔間牆的磚塊走位排法，全靠現場放樣，一切眼見為憑。

↑落實放樣，才精準掌握施工尺寸差。

NOTE 設備放樣施工準確度更高

廠商說的尺寸只能當參考畫圖，一般會有些微差距，真要開始施作，看到真品就在裝修現場，才好模擬實際會遇到的狀況。

好處 1：水電師傅更有感，對衛浴備料的屬性、細節有所瞭解，配管時可事先留意細節，尤其埋壁式衛浴。

好處 2：泥作好抓厚度。看到實體放樣真實數據，更好掌握拿捏粉平與貼磚的厚度要在多少以內才夠。

好處 3：廠商提供規格和真正在現場的成品，存在一定的誤差值，差個 0.1 或多個 0.2 cm，都有可能，摸得到看得到，可以縮短誤差，施工更精準。

↑馬賽克磚要貼多少，連幾顆，清楚數出來，標記在貼的地方。

↑每做好一道工序，最好再測量一次。

↑遇到複雜施工，泥作師傅直接看編好號和標色的圖面，對照貼磚，更有效率。

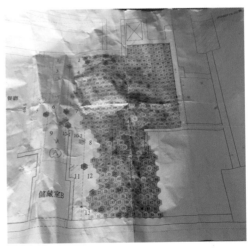

↑在磚上替每塊六角磚標順序之餘，更會標色在施工圖上，讓泥作師傅好辨別，不易出錯。

施工所需的水平基準線，應由設計師主導。

II

一
生
受
用
！
機
智
的
現
場
工
班
管
理

現場
工班管理 6

訂立 ±0 地坪完成面
統一所有工班施工依據

裝修過程會常聽到師傅喊放樣，這裡拉線，那邊來個雷射水平儀，標出水平垂直尺度，這些都是讓工班施工時有一個依據。

好比泥作放樣，可以知道整平要做到哪，打底或隔間牆面沒有傾斜，地面鋪磚要砌磚到哪個高度，用的磁磚是否符合案場需求，木工也有放樣流程，但在放樣列出基準之前，誰來認定這些基準是準確的？答案是水平基礎（準）線與 ±0 地坪完成面。

沒統一會出包

水平基準線用來解決裝修高度問題。例如，水電要拉多高當插座高度，開關要在哪，都要有它當「起始點」，泥作需要它才有辦法貼地磚，訂立室內地坪水平，不讓空間有所傾斜。但標示基準線，不是你畫你的，我畫我的；水電依自己需求畫一條，泥作自己也一條，本位主義下，各做各的，容易施工錯誤。

↑門樑眉水平整齊與否，一量便知。

拆除後馬上要先彈線

而 ±0 地坪完成面是由水平基準線，延伸確立得來。所以當室內拆除清運結束，第一個要有的動作，就是它，替所有工班統一施工基準的參考線，清楚了解將來地坪完成面在哪。

↑藉由雷射水平儀標出裝修所需的水平基準線。

誰都可以畫 ±0
泥作來做最理想

到底該由哪個師傅來彈畫水平墨線與設定 ±0 完成面,老實說各工種都懂,他們都能畫。不過衷心建議這讓泥作師傅來較好,上段有說到水平基準線和地坪完成面息息相關,而泥作師傅處理地坪最需要那條「線」當貼磚的參考值。關鍵在於:

· 材料本身厚度:地磚或木地板厚度
· 施工需要的厚度:不同貼磚工法所需砂漿黏著劑厚度、木地板材需要的角料加高高度

因為不同工種手法,其地坪完成面也不一樣。光木地板,便有平鋪與架高等工法,需要的施工厚度各異,相對 ±0 地坪完成面也不同。

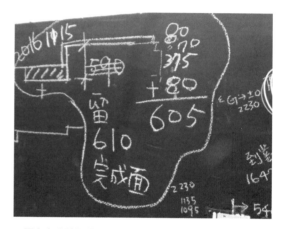

↑ 要留多少地坪完成面,和泥作施工有絕大關係。

以泥作來說,倘若貼拋光石英磚,師傅要控制在 5 到 6 cm 高度內施工,這意即我們所需要的地坪完成面(±0)高度。

讓水電來界定完成面未嘗不可,只是一定要給泥作工班確認無疑才能進場施作,不然會發生水電預抓的高度過低,以致泥作師傅施工厚度不足情況發生,變得又得重調整。

↑ 泥作貼地磚需要地坪完成面來抓水平。

另外，也要注意這幾點，不然。等貼好磚、鋪木地板，赫然發現門關閉不上，或房子依舊歪一邊不平整。那就裝修 GG 了。

·雷射水平測房子傾斜度，定 ±0 時要拉回來
·有門的地方，±0 完成面不能影響門開闔（大門、浴室、落地門、...後陽台等）

↑要留多少地坪完成面，和泥作施工有絕大關係。

NOTE ±0 地坪完成面　妙用指標

功能	說明
判斷建築結構傾斜度	個案本身如果結構傾斜，從前陽台到後陽台差距過大，結構工程要補強校正傾斜狀況
確定維持水平	安排插座、開關位置時，可讓操控設備維持在同一水平高度，避免高高低低影響視覺美觀
協助地坪填補空間	有助泥作階段知道地坪整平要填補多少施工厚度

水平基準線是彈性變數
考慮人體工學抓腰部約 100-110 cm

該怎麼設定地坪完成面？由上（天花）往下量，還是由下（地板）往上量？先彈畫水平基準線，才能訂出完成面。坊間教學說法是用雷射水平儀抓 100 cm 高即可，但並非只有 100 這數字才是對的。它是變數存在，可 100，可 97 或 120 cm，雷射水平儀放高或放低，紅外線標示出來的高度就不一樣，跟著紅外線彈在牆壁的墨線，就是空間設計需要的水平基準線。

基準線拉太高太低都不好施工

至於水平基準線要高還是低，會以人站著高度來評估，考慮人體工學，靠近腰部的水平基準線會較好施工，放太低，大家都要蹲下來做事，放太高，相對得踮腳或抬頭，也辛苦，接近腰部的高度便大約落在 100 到 110 cm 左右。而且這高度有個好處，工地須堆放許多設備材料，落在這高度不怕被材料擋到。

→現場工班管理，最要緊的課題就是替所有工班的基準線立定統一標準。

TIPS　靠完成面調整地板凹凸水平

泥作師根據地坪完成面貼地磚，但地板電鑽拆除時，地坪凹凸不整，當凹的點過低時，師傅自然砂漿黏著劑要填厚些，若凸點高於地坪完成面，師傅就得將凸出部分敲除，以利後續施工，木地板工程亦然。

牆壁墨線彈標記

墨線彈好水平基準線後,按泥作地坪施工厚度,往下計算,便是空間裝修需要的地坪完成面,各工種再依地坪完成面去落定各自施工需求。

舉例,假設泥作貼地磚的施工厚度需 6 cm,水平基準線落在 100 cm,往下數,那 94 cm 就是我的地坪完成面(100-6=94),再請師傅彈墨線標示。

水電便會按著 94 cm 的基準,往上計算距 30 cm 高作為插座最佳位置,泥作師傅則根據這條線貼地磚。

TIPS 大門和門檻離地差距 5 mm 最完美

立好的地坪完成面,促成大門門口和地面間距距 5 mm,它的高低差很「無感」,可以形成類無障礙空間做法,可讓人由室外進到室內,有一緩降坡度,特別是年長者推輪椅很方便。

↑貼地磚所需的地坪完成面要留意,不得高過大門門檻,以免影響開闔。

↑墨線彈出水平基準線位置,這條線高度約莫等於成人腰部高度。

↑基準線和 ±0 地坪完成面息息相關。

基準線不是打一次就好
階段施工再標記一回

施工前標好地坪完成面和水平基準線，就能一勞永逸？不，施工過程中，基準線可能會被莫名消失，建議最好工程每告一段落，再把當初認定的基準線給標示回來。另外，有時候彈畫水平基準線，未必能一次全好，中間或許有隔間牆或阻礙物給擋住，所以基準線通常會標記2回以上。而基準線被消失得重標記的情況可能有：

· 牆搭建好，水電再度進場打鑿水電管路，原基準線消失或模糊
· 原彈墨線的牆壁貼壁紙，但壁紙已拆除，基準線跟著遺失
· 彈線在紅磚牆上，泥作已水泥粉底整平，基準線消失要重彈畫
· 浴室防水工程後，原墨線被覆蓋
· 糞管移位填高後，水電埋管，交棒泥作貼磚，墨線重彈確認原完成面是否正確

一開始一旦設定好水平基準線和地坪完成面，這2大施工參考依據，便不會任意更動，所有工班都得照規矩來，現場若遺失記號，只是需要再補找回來。而它們隨時都在提醒裝修，失之毫釐差之千里。

↑最好在每個角落彈畫基準線。

↑隔間牆興蓋好，水平基準線得重標示出來。

↑如圖，基準線往下89.5 cm就是±0地坪完成面。

房子水平有無傾斜，和基準線有關。

施工 vs. 監工
30 個上流裝修必看細節
Construction Work

看起來愈簡單的設計，往往細節藏魔鬼，背後施工更是複雜。以切身經歷分享施工與監工應注意那些細節，解構工法，把複雜的設計圖邏輯化、簡單化，讓師傅好理解步驟，提升施工效率與精準度。

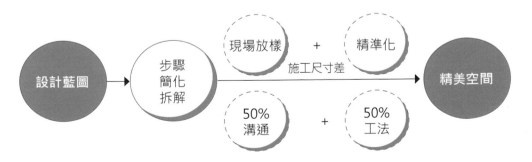

安排水電全程 Stand by，拆除後配接臨時水電

拆除，是設計師啟動裝修的第一步整理動作，開始鑿挖敲打時，建議可以安排水電工陪同拆除，避免拆除工人施工時誤鑿到線路，特別是給水管。

因為打破舊有給水管時，容易水流一地，積水不打緊，排洩不當，可能滲透到樓板，導致相鄰的樓下鄰居天花漏水。再說給水管的水維持一定的流動，好處是拆除當下，若有鑿破管線，可立即發覺問題點在哪，若將自來水總開關關掉再拆除，則不易發現拆除有無誤失或瑕疵點為何。

↑拆除時，最好水電可在左右，預防穿鑿敲打過程中，破壞了線路。

↑中古屋或已有基礎裝修的住宅，重規劃格局時，要換地板，變更隔間牆等，相對拆除工程會增加。

↑新成屋多半為毛胚屋，需要拆除的地方較少，此時水電陪同好處是，可當場看全屋配電狀況

水電的重要性僅次泥作，屬於配合工程，得跟著設計師來回進出工地頻繁的工種，最好的拆除現場，自然要有水電全程陪同，有挖損到管線，大樓共用的空調排水、冷熱給水等，水電可以緊急修復。萬一，沒有水電工在旁 stand by，誤觸水管破裂時，可緊急先將自來水總開關先關掉，不讓水流過多。總開關位置通常在一樓或頂樓位置。

此外，也必須為接下來要進場的工班準備好臨時水電，安裝臨時馬桶、髒水過濾沉澱池，讓師傅無後顧之憂上工。

TIPS
保護地面排水管、 糞管

水電工陪同，另個目的就是保護地面的排水管和糞管，先作臨時性包覆，避免敲落的小碎石掉入洞孔，引發堵塞危機。

←施工過程中總伴隨你意想不到意外，挖到管線漏水，全程陪到底的水電師傅，可幫你緊急處理。

↑拆除時，設計師也須在現場和拆除人員再三確認。

↑在拆除圖上標色註記，輔助牆面標示，讓廠商了解每個地方的拆除範圍和需求。

↑浴室打掉重練，是裝修設計一大項目，老屋會廢掉舊管路，不再使用。

↑寫在牆上可匡列重點，提醒師傅拆除內容，特別是複雜式施工。

拆除篇
Situation
2

亂拆結構，小心變危樓
對照拆除圖現場要再次確認

為了新動線格局規劃，需要動到的拆除，不外乎打掉既有隔間（重拉新隔間、改變開窗位置大小）、地板（重鋪地磚或木地板）以及天花（應需求重新造型），但有些牆壁是不能亂動。

例如，支撐建築結構的承重牆，不可任意拆除，否則會影響建物的支撐力。所以設計師繪圖時，要事先場勘確認，必要時提供該空間原本的建築藍圖，交由結構技師鑑定可拆除的牆壁範圍。拆除當下，必須再三告知施工單位，哪些牆能動，哪些牆只能做局部變更。

↑哪道牆能拆，要事先確認。

↑混凝土樓梯涉及結構，須請結構技師鑑定可否進行拆除。

↑貼壁磚牆面，會依設計需求，將牆面打毛或打到見底，看到紅磚牆本身。

廠商場地會勘定拆除日
現場二次確認標記放樣再動工

平面定案後，要規劃現況拆除圖，哪邊要拆、怎麼拆、範圍有多大，圖上須標示清楚，施工前，會同廠商一同勘驗現場，同時當下隨即畫記確認拆除範圍，是壁磚要打到見底，還是整牆拆除或保留哪些結構設備。

會勘後，廠商根據執行內容，調度所需人手，訂定拆除日進場施工。正式拆除當天，還會在現場和工作人員二次確認細節，用粉筆或噴漆做拆除放樣動作，直接畫給師傅對照，因為負責拆除的工班可能不是首次會勘人員。

↑直接在要保留的區域，粉筆註記。

↑牆壁寫著「見底」，意即拆除時請施工廠商將磁磚打掉，見到牆壁本身的紅磚結構。

拆除可幫空間做健康檢查
老舊大樓管道間鑿後要回填密封

已有裝修的屋宅，想二次翻新設計，建議拆除舊有裝修物，如此一來，才能掌握空間的真實狀況，是否有需另做結構補強工程。所以拆除，其實是在幫空間做全面性的健康檢查。特別要留意老舊公寓大樓，因應裝修需求，如有鑿到管道間牆壁，請務必確認管道間是否有密封好，沒有的話，請記得回填，不然老房管道間易有煙囪效應，導致發生火災時，容易讓火勢延著管道間流竄，醞釀重大傷害。

結構支撐牆不能拆
更動要給結構技師鑑定才算數

不管是建築師或室內設計師，牆最好別亂拆。影響建物支撐載重的結構牆、樑柱、樓板（只能敲除地磚，不能打穿），盡量別碰觸，真想拆除，務必請結構技師做結構安全鑑定證明，不是你想拆就能拆。

外牆不可拆：建築物外牆，屬結構牆，通常不能任意更動。特別是現在的新成屋建築，樑柱和外牆結構體都相當紮實有厚度，第一時間可從厚度加以辨識。

↑牆不能亂拆，要給結構技師鑑定。

二次施工牆面：二次施工搭建出來，沒有結構問題，可拆機率高。

拆除要告知管委會：大樓輕隔間牆，即便不傷結構想拆，有些管委會規定要申報。

是紅磚牆還是鋼筋混凝土牆：紅磚隔間牆通常不當結構支撐用，拆除可行性高。

↑樑柱不能動，圖中有些壁面維持原貌，有些則是拆到見到底層，這是和設計規劃有關，不一定要整組全拆到底。

TIPS　原開窗牆下方可拆

不涉及承重問題的門窗，通常窗下的區塊基本上可被拆掉。若鄰近隔壁還有落地門，能否連動拆除，得視狀況，在不碰觸到樑柱，牆壁也無大比例更動下，可行性高，但建議找結構技師協助。

↑因應設計需求，與結構技師確認後，窗下方可進行拆除。

NOTE 用厚度、材料分辨結構牆

分攤樑柱承載建物重量或外力重量的承重牆，以及房子本身用來抗震的剪力牆，又稱抗震牆，屬於結構牆，是不能拆除。簡易分辨他們的辦法是看牆的厚度和使用的材料。

辨別 1：材料
木作牆、乾濕式輕隔間、紅磚牆，沒有結構承重問題

辨別 2：牆厚度
紅磚牆厚度大約在 10 到 12 cm 左右，無涉及結構力學，但看到超過 20 cm 厚牆，就要小心留意，最好請建築師調建築藍圖確認。

因建築施工慣性，圖面設定牆厚度約 15 cm，而建築的伸縮縫尺寸差較大，須灌漿後，由泥作整平打底，整體完成的牆的厚度通常或落到 17 至 18 cm 厚，有的還會來到 20 cm。凡是厚牆別亂打掉。

↑拆除時定要註記清楚拆除範圍與內容。

↑可透過牆的厚度來初步判定是否為結構牆。

↑影響建物支撐載重的樑柱、牆壁，絕對不要輕易更動。

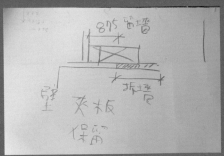

↑拆除圖外，牆壁一定要再 memo 提醒哪裡留哪裡要拆。

輕隔間牆拆除看材質
動工前盡量先確認可免糾紛

乾溼式輕隔間或木造隔間等，與 1/2B 紅磚牆一樣，並不具有結構承重功能，所以在拆除上較無問題。不過輕隔間材質特性會影響到拆除執行，特別是濕式輕隔間，受限於內藏管路、整面封板灌漿的快速施工法，屬一次就是一片、一整面的規格品，容易被拆壞，例如，原本只要拆 50 cm 寬，一個力道沒抓好可能拆超過。

且不同材質的隔間牆，拆除程序不一，人力也不同，相對成本也不同，沒講清楚，拆除單位會根據現場狀況另外加價。

↑因應拆除項目和原建材材料不同，使用的機具也有不同。

↑木作裝修最易拆除，就是要集中整理拆下的廢料，以利清運。

TIPS 拆後要判定牆體屬性

二次裝修，拆除表面裝修材質後，建議再確認是哪種隔間結構，因為這會影響到後續的裝修施作。如輕隔間要掛重物，得加強結構。

↑替除掉舊裝修表面材，才可確認背後的牆面結構真實狀況。

NOTE 隔間牆材質影響拆除難易度

隔間牆類別	材質	特性	拆除注意事項
紅磚牆	紅磚、水泥砂漿	實心	打多打少無限制，可事後透過加砌新磚修補
木造	木作、角材、矽酸鈣板封板	中空	通常整面拆除
輕隔間	多種封板材料（矽酸鈣板、石膏板、木纖節能板、...等）	中空	通常整面拆除
白磚、石膏磚牆	類紅磚牆，白磚、石膏磚、砂漿黏著劑，	實心	卡榫式砌造，局部拆除可用機具切割打鑿範圍或整面拆除
濕式輕隔間	C型鋼構，兩側封板灌漿填滿	實心（輕質填充材）	規格品製造，已黏著一起，很難局部拆，易整片損壞，有管路的，難度高

↑不同隔間牆材質與拆除項目難易度，會影響拆除報價。

↑石膏磚輕隔間好拆除，因材質特性，邊角難免會有不平整，但可修補恢復。

打掉地磚發現樓板薄，
調整裝修工法與使用建材

去除表面裝修物，可揪出肉眼看不到的問題，例如牆壁龜裂、壁面與樑柱間縫隙過大，滲漏水、壁癌以及樓板過薄等。一般來說，發現樓板薄，有兩大時間點。一是拆除階段，師傅拿電鑽鑽打，將地板拆除到見底時，二是泥作進料，擺放堆疊水泥、砂包等重物時。

尤其泥作進料，一包包重 50 公斤水泥一放，樓板之薄，造成地板晃動會更有感。若能在拆除第一時間發現樓板薄，自然再好不過。

設計師此時必須加以調整使用的建材，甚至改變工法和設計，務求減輕樓板的載重負荷力，有時或許得減少施工範圍。

↑樓板狀況，通常打掉保護層後，才會知道，圖僅為拆除示意。

↑許多房子的真實體質，往往在拆除後才會見真章。圖為拆除施工圖。

TIPS　獨棟與大樓樓板補救有別

獨棟建築可以採用補強法，強化樓板載重，但大樓類型建物，涉及同樓層鄰居和公共領域，多半採減輕重量處理。不過該採用哪種方法，建議由專業人員鑑定，千萬別自己亂主意。

→ 大樓建物裝修傾向減重處理，不影響樓板承載。

取代傳統水泥灌漿
輕質混凝土減輕樓板負荷

室內裝修申報送審，會根據室內面積計算樓層的載重量，一般施作時能減少載重就減少，當遇到薄樓板，首先考慮的是，如果有填高動作，慎選灌漿材質。

但傳統水泥砂漿密度高，重量重，反而會讓樓板承受不住。現在有矽質材料打造的輕質混凝土，比傳統混凝土輕 60% 左右，多用它來取代。

↑ 現在新建大樓樓板設計即使在法規內，室內裝修也不願再用混凝土灌漿來荷重，反而是減輕樓板壓力為優先。圖為示意照。

↑ 石材類等較有重量的建材，得斟酌使用，避免影響隔間牆或樓板的承重力。

老屋樓板薄的機率高
新裝修減少工程重量

老舊公寓大樓容易有樓板薄的風險，承重力會減弱，盡量選擇輕量裝修建材，像是石皮等較重材質，就別納入考慮。

新建電梯大廈較無這類問題，不過一些大樓管委會會有相關室內裝修施工規定，申請裝修流程時要格外留意。像是降板浴缸區域想填平，不可任意灌漿，需以輕質混凝土搭配 stick 板架高地坪做法，減輕工程重量。從工法和使用建材著手，調整設計。

↑ 拆除前會勘，先行標記要拆除的範圍與項目。

↑微調整鋼構樓梯下支撐式結構，讓梯下空間得以開放。

鋼構樓梯結構基本上不能亂動，如有調整必須重作結構補強，如圖中原本樓梯支撐體是下支撐式設計，為增加梯下運用空間和造型需求，截掉下方圓柱鐵件，改和上層的 C 型鋼空橋結構一體，由上層空橋結構來支撐樓梯重量。

設計的奧義

· 鐵件輕鋼架工程
· C 型鋼構支撐
· 樓梯木棧板
· 鑄鐵漆油漆工程

↑ 空間原始狀況。

計算未來用電量，
事先做好迴路規劃沒煩惱

這裡談的水電施工，焦點不在於教大家怎麼配迴路或接電源線水管等，畢竟這是要有專業證照才能執行的事。專業交給專業，本書重心聚焦施工中要留意的魔鬼細節，如何做好控管，避免讓一個小忽略影響後續裝修。

設計始在滿足需求，解決問題。回過頭來看大家對水電的訴求，很簡單，不外乎下列：

· 插座要夠用
· 不能跳電，用電量高的烤箱、微波爐可以同時用，插在同個插座也沒問題
· 水壓要夠
· 沒有漏水，浴室馬桶、樓板、空調排水都 ok。

所以在規劃平面階段，必須先列出「願望清單」，從生活習慣和需求項目，交給專業水電計算推估出用電量，規劃出最佳迴路和開關插座數等配置及數量。

↑ 新成屋較無配電擴增問題，但要場勘了解現場消防、水路管線。

↑ 水電進場前場勘，確認總開關位置以及總用電量，還有哪些弱電箱也要找出來，看是否要加裝。

→ 這是木工瑕疵，把 2 開開關插座，挖鑿成 4 開，沒和水電密切溝通確認的下場。

重評估老屋電容量

早期老房子總開關電容量小，燈具配置簡單，一個開關控制一個燈，但現在的照明設備，除了主燈，還有間接照明的嵌燈、軌道燈等等，設備日趨複雜，用電量也變大，相對老屋容易有總用電量不足情況。

新成屋不怕用電量　就怕專用迴路不足

反觀新成屋，總用電量是足夠的，滿足一般住宅需求，只是有無針對用電量大的家電，設置專用迴路，該迴路數量會不會不夠用。但在商業空間，不管新舊建築，商空因使用電器的耗電量比民宅大，泰半會申請加大電量，輔以迴路數，讓供電穩定。

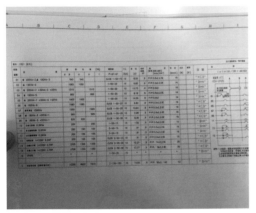

↑確認住宅空間的配電現況。

↑新建大樓的管線多從天花走。

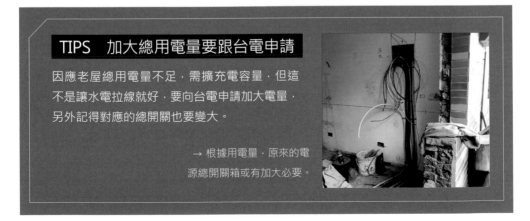

TIPS　加大總用電量要跟台電申請

因應老屋總用電量不足，需擴充電容量，但這不是讓水電拉線就好，要向台電申請加大電量，另外記得對應的總開關也要變大。

→ 根據用電量，原來的電源總開關箱或有加大必要。

寫下已有的和想買的家電
有助估算正確用電量

用電需求可概分照明燈光和空調電器用品兩大類，設計繪圖時，列出現有和未來打算入荷的家電幫助評估，畢竟列出專用迴路可能有哪些，而每條迴路可負擔瓦數多少，需嚴格計算電流負荷量及規格載流量，而且最好估算餘裕，別抓得剛剛好，因為大家有個共通毛病是東西愈買愈囤愈多。

· 大型耗電設計要先抓：請屋主列出會用到的大型家電，特別是空調，通常一台冷氣
　 會用到一組專用迴路，現在住宅又大多每間房間（機能空間）安裝一台冷氣。

↑能提供愈詳細的家電廠牌、規格，愈能精準規劃整體用電量和迴路需求。

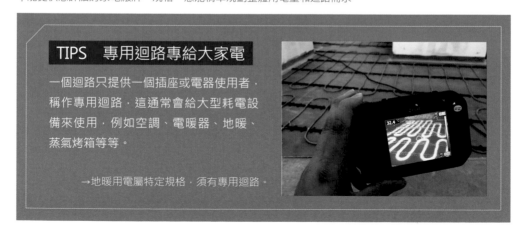

TIPS　專用迴路專給大家電

一個迴路只提供一個插座或電器使用者，稱作專用迴路，這通常會給大型耗電設備來使用，例如空調、電暖器、地暖、蒸氣烤箱等等。

→地暖用電屬特定規格，須有專用迴路。

· 廚房高耗電設備最多,提前預估:廚房是家中擁有最多家電的空間,從烤箱、微波爐、電陶爐、冰箱、洗烘碗機、抽油煙機、電鍋、淨水器、到小家電如果汁機、調理機等,可見該區耗電量最高,像是插電型紅酒櫃就要一個專用迴路,所以建議屋主有要使用哪些家電,最好將電器的廠牌、型號、用電量全部整理清單列表。

· 臥室專用迴路至少 2 組求安心:臥室不似廚房用電量大,通常是空調會需要一組專用迴路,其他多為燈具開關控制,所以一般是兩個房間共用一個迴路,堪稱足夠,若擔心,可請設計師規劃時多拉一個迴路使用,但真需要多追加專用迴路,另種可能是像地暖類的特殊用電設備。

· 浴室也要專用迴路:浴室常見設備有乾溼冷暖機,追求生活享受的,會多添購蒸氣設備和烤箱,這些用電量大,需要有獨立的迴路。

↑使用的燈具照明,按規格和數量,也會對用電量造成影響。

↑有要安裝吊隱式冷氣,其管線配置比一般冷氣空調複雜,水電得配合確認規格,規劃專用迴路。

↑廚房空間用電量兇,水電配置的重頭戲之一。

TIPS
燈具過多迴路要追加

現在的燈具以 LED 為主,用電量雖比過往大,但通常一條迴路給所有燈具使用便足夠,不過當照明用的愈多,買超大型水晶燈之類的,便需要再追加迴路。

↑插座開關位置務求人性化,更得顧及美觀。

↑書桌的用電插座以整合機能為優先,一般選在桌下,仍有屋主會想把插座安排在桌面,以利工作,這和個人習慣有關。

插座要多但未必每面牆都要有
模擬行為動線安排插座位置與數量

過去裝修重視照明要充足，現在大部要求是到處要有插座，拒絕延長線，最好是每道牆都有插座可用。基本設計概念，是每面牆皆有插座，不過好的設計是將插座設定在需要的位置，把錢花在刀口上。

不然多安放一個插座或開關，便多增加些費用，而且四處都見到插座，也不甚美觀。所以初期規劃，可以模擬使用者習性，由行為動線著手，從入口玄關，一路走向客餐廳、廚房、浴室、臥房和陽台等空間模擬。

一些常見插座開關的人性化安排如下：

· 臥房床頭最好安排電源雙切開關，不用躺上床後又得爬起來按開關
· 較長的走廊廊道，電源開關前後做雙切，不用來來回回關燈
· 書桌桌面要用的插座，可先做預留，並和桌下設備像電腦主機等，做整合串聯

↑相鄰的空間，基於生活便利考量，建議規劃雙切開關。

TIPS 預算也包含材料分配

除了針對空間分配預算外，亦可從運用的材料建材著手。該省就省，像是儲藏室預算不用多，建材選親民高 cp 值即可。

↑在設計和實用間取得平衡。

現場二次丈量，接臨時水電替埋管路徑做記號

水電正式開工前，有不少暖身動作。首先得確認空間既有的配電條件，一路從總電源開關查起，包含自來水管路狀況，先幫房子做好「水電」健康檢查，如此才能讓設計規劃更周詳，設計師在配置裝修施工圖時，更能掌握實際條件。

拆除一結束，空間去除掉表層不必要的裝修物，空間尺寸更加「坦誠」，可能和施工圖上的比例數字有些微差距，水電工班隨即得和設計師配合，現場流程重來一回，對照圖面，二次丈量，在確立的水平基準線之下，與泥作工班相互合作，落定水電管線路徑。

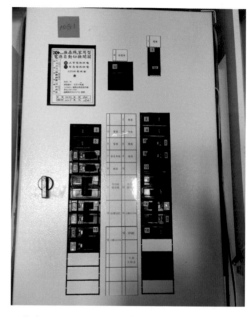

↑你家電源總開關箱裡有什麼，這和全室配電規劃大有關係。上工前，水電師傅會來這兒找蛛絲馬跡。

↑圖中所示，是水電配線已進行一段落概況。

TIPS 老屋水電管線更新

對老屋來說，管線要確認的事項會比新成屋來得多。房子的水電管線差不多 10 年上下，需更新一次，因管線會脆化氧化。若使用習慣沒很差，當初施工品質有照顧到，使用個 15 年、20 年也無妨，不過水管一有水流動，就會有水垢，使用時間愈久，雜質沉澱，排水容易堵塞，久而久之產生滲漏問題，得留心。

評估現場管線條件
裝施工用汙水沉澱池和臨時水電

一定要請水電工班配管前,先做下列動作。如此,師傅才能知道要備多少料進場,以及施工複雜度到哪,有助精準掌握工程期。

電路拉線前:

· 總開關箱配電線路是否整齊
· 根據事先用電量需求評量表,有無要向台電申請大電、總開關箱是否要變大
· 確認室內增設弱電箱的位置,可放置分享器、網路、電話、電視、光纖分享器等線路與設備

隨即水電師傅得替所有工班配好臨時水電,安裝工地用馬桶,另外檢查後陽台排水孔狀況,接設汙水沉澱池管路,讓汙水由指定地排排出。做足一切準備之後,下個進場的工班才能順利作業。

水路配管前:

· 自來水管(錶後)是否可以更新
· 視房子狀況,給水和進水管可否整支換新,現場勘察不行,那麼得考慮找出進水口源頭,或從後陽台熱水器位置開始整間冷熱水給水的水管配置更新
· 老房須廢除舊有冷熱水管
· 消防管線位置確定

↑場勘既有管線,連瓦斯最好也一併勘驗。

↑後陽台安裝施工用汙水沉澱池。

↑弱電箱裡可以放置的設備有哪些,諸如分享器、電話、網路、電視、光纖等,均放在這。

從總開關拉線整合
替埋設路線標記畫位

根據上述勘查結果,現場設計師會和水電師傅討論水電管線的走法。配管路徑不乏3路:天、地、壁。但建議水路電路距離愈短愈好,路徑不能被破壞或彎折到,可房子彎彎繞繞難免,所以在銜接處的彎口處理要落實焊接牢固,避免鬆脫。

而電源線路一般從總開關拉線整合,別偷懶就近插座開關口外接,萬一需要大量用電,可能讓迴路出問題。確認好位置,便在地上或牆壁噴漆註記標號,方便隔日施工。

↑ 拆除後,設計師會和水電一同進場確認埋管路徑,同時也將隔間位置標列出來,好做水路配管。

→ 水電管線怎麼走,牆壁埋管的位置,都是事先經過討論,沙盤推演得來。

水管配管基本流程

測量畫線 ⋯▶ 開槽 ⋯▶ 敷設準備 ⋯▶ 熱熔接管、膠黏接管

電路配管基本流程

測量畫線 ⋯▶ 開槽 ▶ 配管 ⋯▶ 確認

值得注意的是在廚房、衛浴等機能空間，安裝的設備較多，和水電有裙帶關係，因此水電師傅要埋設管線時，得和相配合的工種、廠商保持資訊流通順暢，才不至於各做各的。這裡僅說明管線規劃原則，後續將有篇章細目介紹水電、設備和泥作三方施工必看重點。

↑溝通討論後，水電師傅會將排定的路線以噴漆方式標誌起來。

↑電路建議從總開關拉線，取最短距離為佳，圖為水電拉線初期。

↑可見裝修初期的工程用電，有的會先從總開關箱拉臨時水電。

安裝水路　▶　管路檢測

埋管覆蓋

TIPS　原路徑無法使用要更改局部位置

預定管線路徑若遇到不能敲開重拉時，須改變設計位置。好比電路要走地面，但地板不打算破壞，得換走天花板，或局部範圍架高配管。

水電篇
Situation 3

浴室先埋管，讓泥作快動工
空調同步水電先喬位置

水電工程在裝修初期得跟不少工種設備廠商預作協調。好比冷氣空調廠商銅管怎麼走，主機放哪，能和水電師傅一同會勘，再好不過，若真無法一同在現場，水電師傅須知道空調預定路徑，喬定專用迴路配置和空調排水位置。

水電配管順序和泥作有關

而在第二章有提及浴室牽涉的工種複雜，泥作和水電身在其中，可以說是綁在一起，遑論泥作和水電又是裝修的重大工程，泥作不先退場，後頭的木作無法進來。俗諺：「打蛇打 7 吋」，室內設計的工班調度也要從關鍵處著手，以施工重要性高者為優先處理，故得把泥作大部工務趕緊解決。相對水電的配置動線，便跟著泥作路線前進。

浴室廚房優先配線可縮短工程期

泥作主控在浴室和廚房，主要浴室有做錯，打掉重做很麻煩，因此水電配管也從這兩處開始，以浴室為第一優先順序，緊接在後的是廚房餐廳，再來才是客廳、臥房。陽台區域裝修變動不大，多維持原貌，真要更改，較少埋管動作，可走明管處理。

NOTE 埋入式設備提前和水電確認

建議讓設備廠商提前進場，根據搭配的配件，特別是埋入式的馬桶水箱、水龍頭，以及浴室相關的電器配備，究竟要配 110V 或 220V 迴路，開關插座在哪個高度，哪邊牆壁，都要經過放樣，和廠商確認再三。

↑埋壁式馬桶，施工得精準，前期的糞管和水路接管，都要小心。

水電配管動線順序

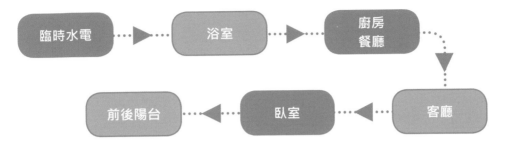

```
臨時水電  ▶  浴室  ▶  廚房
                        餐廳
                         │
                         ▼
前後陽台  ◀  臥室  ◀  客廳
```

↑浴室施工複雜，水電須優先配置管線，讓主控場的泥作能儘快進行。

↑浴室裡有冷熱水管，配管安裝得配合選購的衛浴設備規格，過程頗複雜。

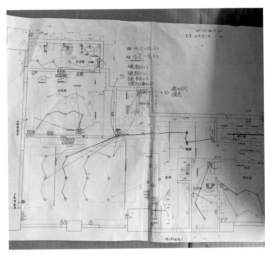

↑電路的配置，習慣性用色筆標示不同區域和走法

NOTE 浴室水路配管注意事項

水路配管前要有下列確認動作：
確認1：浴室配管複雜，和浴室地坪
　　　完成面相關，也就是泥作貼
　　　磚預計高度，要與泥作配
　　　合，才可進行配置作業
確認2：冷熱給水的高度：淋浴和浴
　　　缸冷熱水（水龍頭）的位置
確認3：馬桶給水出水口的高度

浴室設管和設備有關，水電、泥作、設備商，現場要聽設計師指揮調度

浴室工程複雜，水電進場配管時，得和衛浴設備廠商確認廠牌的型號規格、尺寸等細節，因為不同廠牌，單品規格各異，設備的安裝注意事項亦不可忽略，這些需告知水電師傅，以利配管作業。除此之外，馬桶是壁掛或地排、水槽臉盆是選擇落地型、埋入或半嵌設計，再者又有淋浴花灑、蓮蓬頭、浴缸等設備安裝，亦會影響到水電施作。無論管線怎麼安排銜接，更得同步考慮到泥作貼磚需要的施工厚度。

所謂牽一髮動全身。一個偌大的浴室空間，一次擠進水電、泥作、設備商三方，彼此環環相扣，三方的資訊是否互通，有賴居中調度的工班監工或設計師掌控流程。

上述這些眉角，可是還有地排的設計，得一併把洩水坡度考慮進去，管路可不能走「平坦」路線，不然糞管、排水管可無法正常運作。

尤其，水電和泥作在浴室工程密不可分，兩大工種配合需抓好關鍵點。

· 浴室要先設好地坪完成面
· 糞管有無移位填高需求
· 地排位置要在浴室洩水坡度的
　最低點

→ 浴室施工繁複，從基礎到貼磚，經過多重程序，設計師必須從頭跟到尾。

標示地坪完成面的高點和低點

一做錯可得重頭來過的浴室，施工前，需和各工種工班討論施工介面與流程細節，其中最基本的動作便是要標出地坪完成面。這裡的完成面非在同一水平線上，需顧及洩水坡度的最高點和低點。另外，泥作填高打底貼磚需要多少施工厚度、每樣衛浴設備的尺寸規格與配置位置…等，設計師會將上述這些事項圖示在牆壁，讓師傅好懂好執行。

衛浴設備規格提前確認

水電師傅不能不顧及其他後續施工的工種自逕拉線配管。而衛浴廠商需在浴室施工前，提供設備相關資訊，以及施工注意事項給師傅與設計師，免得配置位置錯誤。

↑浴缸尺寸寫牆上，讓水電埋管時，不怕忘記尺寸，畫在地面，更易抓準位置，泥作也好施工。

↑水電管線配置好，才能讓泥作快快進場。

彈線開槽管路

要替冷熱水管配置做到位，根據先前放樣位置做的墨線標記，利用器具切割開槽配管，之後再請泥作水泥砂漿填平埋管。浴室內的插座也一樣步驟。

糞管配好先做臨時性保護

馬桶能好沖不「回流」，不是只有水量大小，而是糞管設置要保持一定斜度，跟著洩水坡度走。除此，當糞管已經配好管路時，請先做好暫時性的保護措施，將糞管臨時堵住，避免施工期間有雜物、小碎石掉入，影響日後的排洩功能。

↑水電配電拉管得先從浴室開始。

水電篇
Situation
5

不同材質隔間牆配管，
輕隔間牆設管快速，
紅磚工序多又雜

先來說說水電管線在天地壁的配置處理手法。在天花樓板部分，依設計風格選擇木作封板，讓管線在天花夾層空間裡走，或者取材工業風，整個裸露走明管，但線路得配置整齊不紊亂。在壁面部分，確認好水電管線的路徑配置後，接著要做的動作即為打鑿埋管。然而不同材質的隔間牆，水電設管、埋管處理也略有差異。

實心牆工序多　要開槽再填砂漿埋管

以 1/2 B 紅磚牆來說，水電配管工序會較多些，基本做法是泥作砌好磚牆，等稍微陰乾，水電師傅隨即進場打鑿設管，再交回給泥作工班進行填縫埋管工序，整個牆面水泥砂漿打底整平。有時因應工班調度，會先由泥作將磚牆粗底整平，水電再行配管。

至於白磚或石膏磚等隔間牆，水電配管一樣得先開槽，但因材質特性關係，打鑿切割線較整齊，不若紅磚牆容易坑坑疤疤，工序相較簡易許多。以水電師傅角度，石膏磚、白磚輕隔間配管省事不費工，如要處理 RC 牆，可能會額外收取打鑿費。

↑從總開關箱配置電源線，管路從天花走，遇到木造隔間時，可鑿開一小洞讓線路通過。

↑需貼磚或油漆的壁面，管線配置得先挖鑿，隨後埋管將其隱藏起來。

輕隔間牆配管施工快速
管路走地板要標示在哪好日後維護

另個更不費工的，非輕鋼架、乾式與濕式輕隔間牆莫屬（隔間牆介紹可參考p106）。這類牆特點在於內部中空，輕鋼骨架，一邊先封板塞入隔音棉，管線跟著在裡邊跑，先行配管，另一邊的壁面隨後隨後封板，省時省力。

但也不是每面牆壁配管都得經過開槽埋管工序，好比該面牆是有要加做木工，像是裝飾壁面或櫥櫃展示收納等，管線可以明管方式處理。

而要留意的是水電管線配置在地坪部分，建議標示路徑位置，最好一同註記在平面圖上，現場拍照存證，方便未來管線有要維修，看著記號照更方便。

↑哪邊要安裝插座，牆上可先標記再開洞。

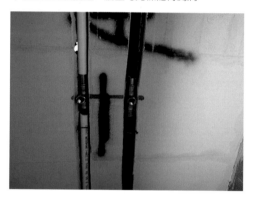

↑白磚開槽埋管，比紅磚要來得好處理。

↑線路不外乎從天地壁配置。

↑有要用木作包覆壁面的，管線未必得鑿牆。

NOTE 不同隔間牆材質的水電配管

	乾式、濕式輕隔間	紅磚、RC 牆
隔間牆性質	中空	實牆
管線預埋工程	管線在兩面封板之間，也就是在隔間的空心層裡，容易彈性調整位置	預先放樣管路位置，水電工挖鑿破壞原壁面，再修補埋管
步驟做法	① 先下 C 型鋼骨料再做單面封板 ② 於內部作水電配管，再將另一面封板	① 墨線放樣管路位置 ② 依放樣位置開槽配管 ③ 管線周邊挖鑿的坑洞以水泥砂漿填補 註：壁面有要木作包覆時，可不做壁面打鑿，明管配置

↑紅磚牆開槽設管後，得填縫埋管，工序較其他材質隔間牆複雜。

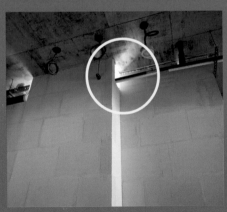

↑由圖可見白磚牆的切割線比紅磚牆來得整齊，配管後的孔洞記得要填補。

水電篇
Situation 6

中島廚房先算用電量，
和廚具設備廠商確認細節

廚房改造，大家都很樂意多一夢幻中島，無論是連著廚房做 L 型，或者中島餐桌，位置、給排水、瓦斯管線和用電量等，是該機能空間規劃的影響因素。畢竟誰都不願同時啟用電陶爐、烤箱、電鍋、微波爐，廚房家電一次齊開，害屋子跳電整個烏漆嘛黑。而想要的中島，要有水槽，剛好選的位置沒水管，那得另外拉管，更要確保管線未來不漏水，這些是設計中島廚房會面臨的問題。特別是用電規劃，得事先著手。

然而水電師傅該怎麼動工，循著前面說的規矩來。

· 廚具廠商要提供所有廚具設備的用電圖和插座尺寸圖，才能計算用電量
· 廚房中島用電，盡量從總電源開關拉，選用專用迴路 5.5M^2 線路
· 依水槽設計位置，按現場既有水管線路接管，留意彎口銜接，以免排水不順導致漏水
· 插座要有 110 和 220V 迴路，少說備 2 組 220V 插座
· 中島嵌電陶爐，需配專用迴路
· 廚房漏電斷路器別忘記安裝
· 嵌入式洗碗烘碗機，預留插座孔位置得精準，並且留意維修方便性

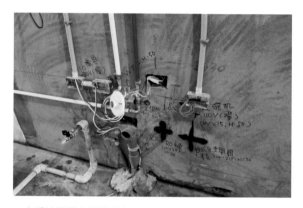
↑ 廚房涉及用水用電得加強防水，現在又多嵌壁式設計，尺寸規格得量精準，標記在牆壁拍照最保險。

↑ 廚房用電量大，最好事先規劃時就要提出，好評估設定專用迴路數量。

妥善處理好水電配管，還不能掉以輕心，也得和後續進場工班配合，確認施工細節。有貼磚、玻璃或石材，需在上頭切割插座孔洞，開口得和選用的插座尺寸規格吻合，更要確保電源出口有無在正確的位置高度出線，不然開錯洞、或者被其他工班封住預留開孔，徒增後續施工麻煩。安裝水槽或其他電器設備也是如此。

↑廚房插座數量和位置該在哪，以及用途為何，都需在水電配線規劃時，全拿出來討論。

雷射儀抓準天花出水位置

中島秀創意，水龍頭出水是從天花緩緩流下，要考慮的是出水口到水槽之間的距離拿捏，大約落在 50 到 60 cm 左右，可避免水花反射濺濕枱面。除此，借助雷射水平儀來放樣水槽和水龍頭出水口位置，精準計算配管位置，稍有誤差會讓設計原意失色。

廚房排油煙管兩段設計

排油煙管線，從室內排煙孔前半段距離以軟管為主，室內到室外則以硬管處理，留意軟硬管銜接封口。而室外風管罩以不鏽鋼材質較佳，其出風口方向避免影響周邊鄰居，更忌諱迎風面，這樣油煙容易倒灌，無法順利排出。

針對潮濕場所，必須安裝漏電斷路器

家裡用電量怕不夠，更怕負載太大，導致電線走火，或發生漏電，導致觸電意外，考量安全性，所有插座會採接地線設計，將漏電給導掉，避免發生憾事。而現行室內設計更會在有水、容易潮濕的空間，加裝漏電斷路器。

遇異常自動斷電

濕氣水分浸潤線路，或有蟑螂老鼠啃咬，容易讓線路異常，造成電流不穩、漏電現象，易引起電線走火。漏電斷路器可在第一時間阻電，切斷電流，預防性觸電。

浴室有水氣一定要裝

一組漏電斷路器可支援2組插座，專門用在潮濕有水氣場所，尤以浴室、廚房等地，特別需要。戶外用電區以及前後陽台，每日日曬雨淋，也是得必備漏電斷路器，此外，建議安裝防水型插座，可以擁有雙重保護。

↑廚房靠水區域，最好有安裝漏電斷路器，另外有安裝插電式淨水器，考慮瞬間加熱，需規劃專用迴路。

↑浴室等比較潮濕的地方，電源線路最怕受潮。

蒸氣烤箱設備安裝
搭配 5.5 M² 專用迴路

有些屋主想在浴室裝蒸氣烤箱設備，在初期規劃時，要請設備廠商提供相關廠牌安裝注意事項，讓專業水電評估總電源供電是否充足，並替烤箱配置 5.5 M² 專用迴路。這樣才方便讓後續廠商銜接做專業安裝。

· 廠商得提供設備的注意事項和適合的擺放位置給設計師與水電工班

· 安裝位置要考慮日後維修的方便性，預留維修空間

· 要配專用迴路，考慮設備用電規格，求供電穩定

↑烤箱設備考慮用電規格，需有獨立一條專用迴路。

↑烤箱安裝得由專業廠商執行，讓水電師傅來，也請師傅對廠牌多加了解，但還是建議交給專業較保險。

TIPS　無熔絲開關也有斷電功能

和漏電斷路器一樣，作用都是當電流發生異常時，緊急跳電停止供電處理，但兩者運作略不同。無熔絲開關是安裝在總電源開關箱，當電量負荷過重，超出容許範圍，開關跳掉，暫時停止供電。再重新啟動無熔絲開關，隨即恢復正常供電。

二樓露台設計成半戶外泡湯池，該有的程序得照規矩來。先放樣確認各工序所需要的施工厚度與介面，泥作浴缸砌磚打底，水電配管，再來交給泥作防水貼磚，安裝衛浴水龍頭設備，一切全靠設計師拿捏整個工班調度，掌握師傅進退場，落實施工細節，才能誕生美輪美奐的湯池。

▌ 設計的奧義 ▌

- 軟鋼絲隱形窗
- 馬賽克磚砌浴缸
- 塑合木格柵
- 浴室防水工程

↑湯池的給排水配置，事關泥作後續貼磚所需的施工尺寸差，故水電與泥作這兩大工種得相互配合。

↑冷熱給水配置與瀑布式出水龍頭安裝，需注意留設的施工厚度與維修尺寸。

↑用了什麼樣的水龍頭設備，建議在一開始便告知水電，以利後續施工。

按空間屬性和法規，
選用適合的隔間牆工法

拆除後，通常由水電和泥作彼此分工，這邊牽管拉線，那頭整平打底預備砌隔間牆。泥作重頭大戲則是彈畫水平基準線，設定好 ±0 地坪完成面後，該粉光的粉光，該貼磚的貼磚，該重新隔間的重隔間。

對室內設計師來說，紅磚隔間牆自是再好不過，特別用在有水的地方 - 浴室，較毋用擔心受潮產生壁癌，就看師傅做工紮不紮實。但建材愈發先進，加上大廈高樓建築法規限制，輕隔間工法日趨成熟，成為時下常見隔間牆手法之一。至於要選哪種，按空間條件、預算和法規，選擇合宜材質，由專門的工班師傅來進行準沒錯。

↑紅磚牆工程期長，成本高，但優勢也不少。

↑設計師得與各工種現場確認水平基準線和 ±0 地坪完成面。

↑隔間牆做法多元，端賴空間法規限制和預算，選擇所需。圖為石膏磚牆。

↑工地討論放樣後的定案位置，可用噴漆做最後註記，方便日後施工。

勿忘 ±0 基準線
雷射水平儀測量全屋垂直水平

千交代萬交代，全室的水平基準線必須先訂出，才能避開各工種各做各的，以致最後兜不起來。無論是讓第一進場的水電師傅來抓水平，抑或直接找泥作師傅處理，全得聽設計師的（實際監工者）。透過雷射水平儀設定水平基準線，墨線彈標記號，再根據地坪施工厚度，於壁面註記清楚，同時拍照，同步資訊給各工班，讓大家照「規定」施工。

↑ 雷射水平儀是師傅在工地的好夥伴，用來測量定調全室垂直水平。

↑ 不同工種需要的施工厚度，會影響 ±0 地坪完成面要落在哪裡。

隔間牆的基本步驟
放樣 + 標示施作位置

隔間牆該用哪種好，每個工法各有優缺，用對地方才是根本之道。但無論選哪款做法，設計師須在場和師傅溝通，根據設計圖，以雷射水平儀量測好距離間距，直接拿磚塊精準放樣隔間牆的長寬尺寸。現場比對看有無須要及時調整的，確定正確距離後，地坪以墨線彈畫，噴（鐵樂士）漆標示，後續接手的泥作工班，即可依記號施工。

↑ 磚牆放樣時，可適度以現場紅磚示意位置，讓師傅好理解確認隔間牆施工位置與範圍。

類型	紅磚牆	濕式輕隔間	乾式輕隔間	ALC輕質白磚	綠能防潮石膏磚
適用性	可用在全區，浴室更合用	房間隔間	適合商業空間或辦公空間	有承重問題考量時，可代替紅磚減少結構負重	減少老建物的承重問題，特別是老舊建築翻修首選
做法與特色	① 傳統工法 ② 過程耗時，每日施工高度有限	① 建商常用手法 ② 先下骨料，單側封板，埋設管線再封側面，灌注輕質填充材	① 規格品 ② 板材需要使用 AB 膠披土補強	類似紅磚牆疊磚做法，但以專用黏著劑施工	施工法和白磚雷同
優	① 抗水氣 ② 使用壽命長 ③ 隔音佳	價格便宜	① 工本便宜 ② 施工快速	① 重量輕 ② 施工快	① 施工快 ② 隔音效果比 ALC 白磚好 ③ 比白磚厚實度好，不易一推就倒
缺	重量重，結構體負擔大	① 浴室潮濕不宜 ② 拆除時容易整片遭破壞	① 吸水受潮，不宜浴室隔間 ② 板材接縫易龜裂	隔音差	費用較高，得看屋主接受度

<table>
<tr><td>泥作篇
Situation 2</td><td>

紅磚隔間較耗時，
高度高或大面積牆要植筋

</td></tr>
</table>

就所有隔間牆做法，傳統紅磚牆或許防火效果略遜石膏磚牆，但防水和隔音功能奇佳，以設計師角度，扣除掉新建電梯大廈與一些大樓管委會規定樓板載重問題，能採用紅磚的，盡量採用，儘管它施工期長，人力成本比較昂貴，穩定性才是上流裝修關鍵。

不過仍得留意紅磚牆一些施工眉角。

注意 1：磚澆水

砌紅磚前，務必幫磚塊澆水淋濕，因磚容易吸水，保持一定濕度，可幫助砌磚階段，不讓紅磚快速吸收砂漿水分，導致砂漿易龜裂，黏附力降低。

↑紅磚牆砌造較費時，又耗工，屬隔間傳統工法。

↑隔間牆施工好後，粗底整平防水貼磚。

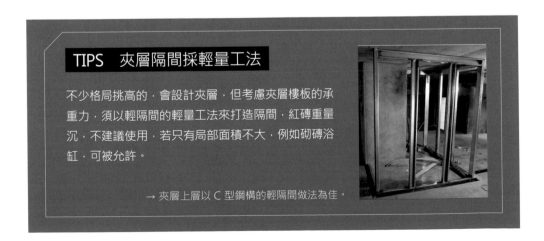

TIPS 夾層隔間採輕量工法

不少格局挑高的，會設計夾層，但考慮夾層樓板的承重力，須以輕隔間的輕量工法來打造隔間，紅磚重量沉，不建議使用，若只有局部面積不大，例如砌磚浴缸，可被允許。

→ 夾層上層以 C 型鋼構的輕隔間做法為佳。

注意 2：植筋

新舊牆交接面，牆的高度較高或牆面面積過大，距離較長時，要有植筋動作，輔助結構支撐力，不然牆容易癱軟整面垮。

注意 3：1 天只能砌 150 cm 高

為了讓磚牆的水泥砂漿固化，提升附著力，每天砌磚高度有限制，一天最多只能 120 到 150 cm 高，這樣才能讓底層的砂漿快乾，不然砌太高，厚重堆疊的紅磚會把底層的砂漿給擠出來，反而令底層吃不到水泥砂漿，咬合不足，牆會容易歪斜一邊。

注意 4：避免滿天星

砌磚過程是一層砂漿一層紅磚，師傅疊磚時要儘量減少「滿天星」現象，意即磚與磚之間縫隙過大，孔洞太多，隙縫宜填平但不能過滿，以免影響粉底層咬合。

→ 新舊牆交接面，要植筋強化穩固力。

放樣垂吊線確定施工位置與垂直度

地面放樣標示尺寸距離，確定磚牆的施工位置與範圍，還得固定垂直線確保牆壁垂直度，讓師傅砌磚牆時，保持在線框架內，維持牆的垂直度。

水泥砂漿鋪底疊磚

砌紅磚牆有賴水泥砂漿當黏著層，水泥與砂石比例為 1：3，若砂漿塗過多，師傅在疊磚時，靠磚的重量擠出多餘砂漿層，再將其刮除即可。

砌磚的黏著砂漿層不要太滿

砌磚時鋪的水泥砂漿，不能太厚也不能
過薄。太薄，磚塊間咬合力不足，太厚，
磚塊容易滑動。另外黏著砂漿太滿的話，
會讓泥作粉底時無足夠縫隙空間，可吃進
去，反而影響粉底的咬合黏著力，反之
過於工整，亦會影響後頭的貼磚或粉光。

整平粉底

不像輕隔間建材規格品，表面較平滑，
紅磚砌牆表層粗糙感特重，還帶點凹凸
面，這時為了油漆或貼磚，泥作師傅得
再上層水泥砂漿打底。這層粉底約 1 cm
厚度上下，油漆面會做到粉光，壁磚則
做到粗底即可。

門窗開口砌磚要有眉樑支撐

砌紅磚牆遇到門框窗框開口時，開口上緣頂部需有眉樑支撐結構。通常開口寬度大於
70 cm 時，要以 RC 眉樑固定支撐，兩側至少要多出半塊到一塊磚長度，嵌入磚牆內。
開口寬度低於 70 cm 者，則以磚砌平拱方式處理。

石膏磚隔間施工快，
樓板隙縫 PU 發泡填縫

受限大樓樓板載重，ALC 輕質白磚和綠能防潮石膏磚，可說是室內設計常見隔間牆手法。特別是屋齡在 30、40 年以上的老舊建築翻修，紅磚牆容易影響結構承重，而石膏磚隔間能減少老建物承重問題。尤其石膏磚隔間牆比白磚隔音效果佳，更沒有紅磚每日的施工高度限制，且工序簡單，大大縮短工程期。

如果有遇到水電已配好管線，可事先配合管路位置，切鑿石膏磚安裝，最後再以水泥砂漿補縫填平即可。但不是每種建材皆零缺點，石膏磚施工過程，也須小心與其他牆壁的銜接強化。

↑石膏磚隔間施工快，量體輕可減輕樓板負重。

↑輕隔間牆不具有結構牆或剪力牆功能，但施工過程還是得注意與樑柱結構間的支撐力，不然一個地震，石膏磚牆便歪七扭八。

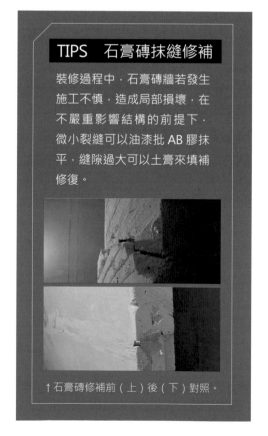

TIPS 石膏磚抹縫修補

裝修過程中，石膏磚牆若發生施工不慎，造成局部損壞，在不嚴重影響結構的前提下，微小裂縫可以油漆批 AB 膠抹平，縫隙過大可以土膏來填補修復。

↑石膏磚修補前（上）後（下）對照。

墨線標記放樣位置

所有新造的隔間牆一律要經過放樣，確認位置彈線標記，再噴漆顯著畫分，避免工班進出運送物料，把地面的墨線標記給抹除。

磚與磚之間結構強化

紅磚新舊牆介面要植筋，石膏磚和 RC 牆間，也需要黏著強化，而石膏專屬卡榫式，建議每兩塊磚放固定片，加強牆壁的穩定度。而新造好隔間牆後，勿忘將基準線重畫上，方便接續進場施工人員辨認。

底部砂漿、天花發泡劑填縫

石膏磚砌磚有其專用黏著劑，砌磚手法和紅磚牆相近，有的師傅會以水泥砂漿加黏著劑施工。當石膏磚砌到樓板天花時，剩下的縫隙空間，可以 PU 發泡劑填縫，亦有人採用水泥砂漿填縫。而石膏磚表面平整，不像紅磚牆還要全面水泥粉光整平，僅需以專用批土來抹平磚牆縫隙即可。

我家牆壁會轉彎，
放大室內空間使用坪效

泥作篇
Situation 4

一直線的隔間牆再正常不過，線條簡單、方正，對裝修設計來說，很好規劃，泥作師傅施工也很輕鬆省事，但這可能會影響你使用的空間尺度。意思是直線式隔間，表面上看起來格局漂亮，實質上可能無形中讓空間坪效受到限制。

好的隔間設計是因應功能需求，讓牆會轉彎凹凸，好把空間發揮到最大化，放大室內空間尺度。切記隔間牆規劃原則：

原則1：牆能直盡量直
原則2：根據空間動線分配與家具設備配置決定牆該不該轉彎

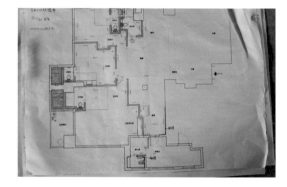

↑留意設計圖上的綠色標示，指的是隔間牆排列走法，部分有彎折。

↑因應空間尺度需求，調整隔間牆是否該走直線或其他處理。

牆轉折必有因
空間配置尺度一個卡一個

隔間牆能拉直線自然拉直線，但為了空間配置尺度，得適時讓牆彎折。直接舉例來說明，下列平面設計圖，最下方規劃成臥房區（由右到左），男孩房牆面間隔著餐廚空間，開放式餐廚有家電收納櫥櫃需求，臥房內有床、床頭櫃、寫字桌、衣櫃等基本訴求，隔間牆如果單純畫直線，不是犧牲了餐廚房，不然減少了臥房空間配比。

所以按著已經訂好的家具設備配置，開始替牆找直線和彎折點，不犧牲彼此相鄰的機能空間。也就是當空間配置一個固定了，連帶影響下一個配置，透過隔間牆的轉彎處理，可以讓室內空間運用達到最佳化。

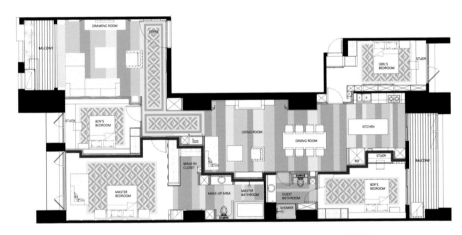

↑從平面規劃圖可知隔間牆未必是直線規劃，可依空間尺度、家具設備位置有所調整。

↑如圖中的地坪清楚可見隔間牆的動線標示路徑，按需求調整隔間牆彎折或垂直規劃。

TIPS　依需求客製空間分配

建商規劃的房型格局空間，未必適用所有人，建議可以使用者需求與慣性，請設計師量身客製化合宜的室內空間分配。

泥作篇
Situation 5

貼磚眉角多，
陽角收邊注重先放樣

貼地壁磚看似很簡單，細節處理卻不得馬虎。泥作師傅需精準計算貼磚所需施工厚度，留意周邊相關設備的施工介面可否完善收頭收尾。尤其貼馬賽克磚，其粉底完成面更是得精準，不然馬賽克磚一貼下去，容易導致邊角收邊凹凸不平，不甚美觀。

另外，亦可從貼磚陽角收邊，看出設計的美學水平。想輕鬆施工的，會覺收邊條很好用，可對設計師來說，住家或高級商空，偏好無縫處理，選擇 45 度角水切牆磚，或者內嵌收邊條，大有人在。而想有好的施工品質，建議拆除清運、泥作砌磚進料時，可先將採購的磁磚直接帶到現場，放樣確認施工細節，以利後續作業。

90 度陽角單收邊條

透過右下角手繪透視圖，大略可知壁面貼磚陽角的收邊條處理方式，牆磚和牆磚之間的 90 度接角，靠四方體的鋁合金收邊條來修整，它的好處是一來施工快，二則可以降低成本（人工、用料），但顏色選得不對，或使用 1/4 圓形的塑膠收邊條，只怕質感打折。

但並非收邊條不好，而是看地方用。選擇的壁磚表面施釉，側邊立面顏色不一，直接對接收邊會看到側面沒燒釉色差，這時當然要選收邊條。再者，現在的收邊條種類形式頗多，可依需求選擇合宜款式。

↑貼馬賽克磚需精準掌控它的尺寸規格與厚度，其陽角收邊可 45 度角水切或可選用收邊條。

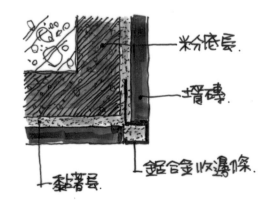

粉底層.

牆磚.

鋁合金收邊條.

黏著層.

116

45 度角水切

另種較多設計師採納的 45 度水切收邊，這比 90 度單收邊條處理來得美型許多，做法是在貼磚前，需事先放樣確認水切磁磚的數量，送到工廠水切磁磚邊角 45 度，再送回工地現場，貼磚工序進行施作。

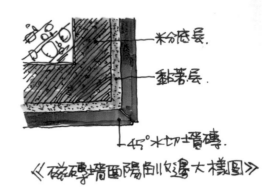

《磁磚牆面陽角收邊大樣圖》

水切 + 內嵌收邊條

還有一種做法是將三角錐形的鋁合金收邊條鑲嵌在黏著層裡，外觀是視覺彷彿有條約 2 到 3 mm 金銀色線相間。這裡的陽角收邊可以搭配 45 度水切牆磚。又或者，像是較小顆的馬賽克磚，採用平接法，緊貼收邊條收邊。

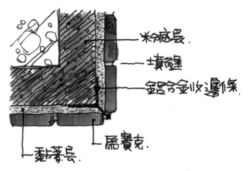

《馬賽克牆面陽角收邊大樣圖》

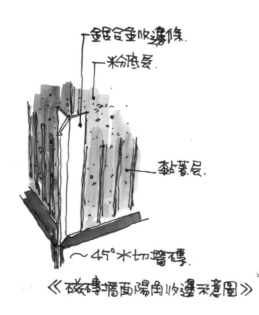

《磁磚牆面陽角收邊示意圖》

↑ 如圖中浴室的馬賽克磚貼磚，要力求馬賽克磚能完整不被切割的狀態下施作。因此泥作師傅得注意與周邊設備的施工介面和厚度。

泥作篇 Situation 6
依磁磚類型選工法，軟硬底施工厚度大不同

常見的地磚施工法大致有軟底（又有濕式和騷底）和硬底工法。要判斷貼地磚要用哪種工法，可以利用磁磚尺寸大小來做基礎判斷。大尺寸約 60 x 60 或 60 x 120 cm 以上的，建議用軟底，小尺寸 30 x30 cm 以下或馬賽克磚，可以用硬底。

因為以鋪厚砂層、淋砂漿水的軟底工法，如果地磚尺寸太小，磁磚很容易陷在砂漿層內，易造成施工不良，相對，大尺寸磚沒這問題，磚愈大塊，愈需要砂層來承重。反之，拿大塊磚配硬底工法，磁磚和地面間，留有空氣，反讓地磚經不起重壓，易裂。

↑貼磚前務必準確放樣。

↑依磚挑合適貼磚工法。

↑乾拌水泥砂，以木尺打底整平，潑土膏水，依水線貼磚（左），再敲打整平，貼磚前可先放樣確認（右）。

硬底工法要先打底

所謂的硬底施工是，地坪要先整平打底，等地面全乾硬後再以土膏或附著力較好的黏著劑，鋪塗磁磚和地坪，再貼磚，以橡膠鐵鎚敲出多餘空氣。

軟底工法先鋪厚砂層

設定好地坪完成面，先鋪厚砂層，撒水泥灰，再澆土膏水，磁磚塗黏著劑，即可進行貼磚，無須先打底整平。但和硬底工法一樣，都要用橡膠鐵鎚敲打出空氣，讓地磚的密合度更高。

↑馬賽克磚適合有較多邊角的壁面或浴缸湯池。

TIPS 浴室貼磚要預留空間給烤箱

如果浴室有要安裝烤箱，牆壁和地坪貼磚，計算施工厚度時，得將烤箱尺寸規格給算進去，不然有可能安裝不下。

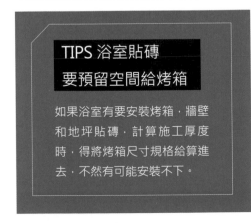

↑硬底工法俗稱二次施工（乾式工法），需先打底完成後，才能貼磚。

↑施工地面適量灑水與水泥粉後，以水泥砂漿拌合打底。

↑軟底工法，砂層切割井字，可幫助黏貼磁磚。

↑軟底貼磚較硬底施工快速且費用較低。

軟硬底花式複合施工教學
階段性貼磚注意施工厚度尺寸差

地坪同時鋪尺寸大小不一的磚，可以軟硬底工法混合施工，工法順序可依工班調度調整，可先硬底後軟底，反之亦可，但要注意兩者工法貼磚要平接在設定好的地坪完成面。以一般大尺寸磚拼接不規則六角磚，玩花式拼圖漸層花色來做教學。

第 1 階段
軟底 + 大尺寸磚

單放 60 x 120 cm 磚，按軟底工法 (這裡是指騷底) 施工，依設計圖標示整磚 (不用裁切者) 面積，先行平鋪。

第 2 階段
工廠水切不規則大磚 + 軟底施工

一樣還是貼大磚，持續使用軟底工法，但為了拼接六角磚，將原來的 60 x 120 cm 大尺寸磚，現場放樣比對設計圖，計算進磁磚接合的 2 至 3 mm 伸縮縫，連帶施工尺寸也算進去，確認好尺寸數字，輸入軟體，輸出設計圖，交給工廠水切多邊造型。每塊磚都有編號，可讓師傅照號碼貼。

第 3 階段
六角磚對號入座 + 硬底工法

貼六角磚的硬底工法，地坪得先做好粗底。這時候需考慮的因素也變多。兩種尺寸地磚厚度不一，黏著劑（土膏）的厚度也不同，拼接後得維持在地坪完成面，以致硬底高度得跟著調整。

例如大磚厚度 1 到 1.2 cm，軟底水泥砂層 4.5 cm，而六角磚厚 6 mm，黏著劑大約 2 mm，兩相減扣，所得數字可以推算硬底至少要有 4.7 到 4.9 cm 的厚度，需事先填高打底。

軟硬底混合花式工法，施工複雜度倍增，為有效控制低耗損率，磁磚和設計圖全編號標色，照著號碼貼，降低師傅出錯機率。

↑ 花式貼磚，依地磚尺寸，軟硬底工法併用。

泥作篇 7 Situation

浴室是泥作大魔王，打底、防水、洩水坡度，一個環節都不能漏

浴室施工超複雜，泥作大半心血全在這。水電設管時，泥作師傅就要和設計師溝通確認磚要怎麼鋪，要交丁貼還是直貼或橫貼，與水電工班研擬正確的施工尺寸，接連要替浴缸砌磚，抹粗底整平，隨後還要注意整間浴室的洩水坡度（至少 1/100），與地排位置安排到不到位，止水墩門檻也需處理，又要防水測試。和衛浴設備廠商之間，設備尺寸也關乎到泥作的施工厚度，每個環節都不能走鐘。

浴室地坪標線測防水

塗好防水層待乾後，得進行防水測試，將整間浴室放水到可測高度，該高度建議彈墨線標示，並寫下觀測日期與時間，拍照記錄，靜置 3 到 7 天，若水位下降到標線記號以下，表示防水層出問題，得重做防水。

↑浴室防水層極其重要，預算夠的話，盡量做到天花頂。

↑浴室防水層有無缺失，放水靜置測試，至少 3 天以上觀測較準。

門檻有分嵌入和地面安裝法

用來界定浴室乾溼區或和其他機能空間的分隔線的門檻，基本有兩種做法，一是於地坪施工過程中嵌入預埋，門檻直接鑲嵌在水泥層、防水層與地磚間，另個是地面安裝，門檻以矽立康固定在貼好地磚的地坪上，時日一久，矽立康易變色卡髒汙，甚至脫落，導致晃動容易滲水。

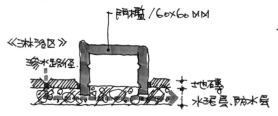

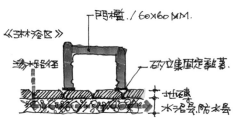

↑浴廁泥作施工漫長，每個階段不得馬虎。

TIPS 浴室乾區可微做洩水坡度

現在浴室多乾濕分離，但不代表乾區就能不做洩水坡度！顧及乾區也是要清潔打掃，抓微微洩水坡度即可。

↑無論乾濕區，浴室都要做洩水坡度。

降板浴缸區域填平
輕鋼構架高地板減輕樓板負重

以下方系列圖片舉例，想改裝拿掉，不想要有降板設計，該區域深度如圖所示約 50 cm 左右，乘以長寬比，千萬別傻傻灌混凝土填平，因為這麼做，混凝土重量會增加樓板承重壓力，換言之會增加整棟建築結構體所能承受的重量。

大樓室內裝修以減重工法為原則，選用的材料與工法不加重結構體過多負擔，幫降板區域「打地基」，鐵工藉輕構工法，架高 stick 鋼板地板，管線可藏在鋼板下方，鋼板上層鋪一層輕質水泥填平，因為需要填平的空間減少，一般混凝土也是可以，不過建議輕質水泥為佳，因為重量能輕則輕。而浴室該有的防水更不能少，還得加做試水，確認不會漏水時，才能貼磚與安裝衛浴設備。

↑降板區域填平，千萬別直接灌混凝土。

↑架 stick 板，鋪設鋼筋網，灌輕質水泥填平。

↑新舊管路移位或增設配置施工後，再交由鐵工施作輕構 stick 板工法。

↑水電第一階段配管完成，架設 stick 板前，底層要先做防水與放水測試。

夾層浴室隔間不能用紅磚
不鏽鋼打底防水 No.1

不少室內空間挑高條件足夠的，會想增設夾層，在夾層上層規劃臥房更衣間或書房空間配置。亦有人會想多要一個浴室空間，不過受限增設夾層樓板的可承重重量，這裡的浴室施工細節更該謹慎。

· 增設的夾層上層載重有限，紅磚隔間不可行
· 要保持夾層淨高度
· 新增糞管，注意洩水坡度與接點位置，避免倒灌回流
· 增強防水性

夾層浴室地坪不鏽鋼盤防水

鋼構輕隔間水泥板封板貼磚

浴室是全屋給排水最多的地方，在夾層上增設管線，更該注意浴室的防水性，浴室的底部等於是輕鋼架底座處，以不鏽鋼盤來包覆，因為不鏽鋼的防水性能最佳。連門檻門框也全裝不鏽鋼，提升浴室防水能力。

受限夾層載重，一定不能用紅磚來砌隔間牆，要以輕隔間的材料工法來減輕重量，不然純泥作，遇震動絕對會龜裂滲水。結構成形後，水電配管，浴室內側封水泥板。並且強化防水，延長夾層浴室壽命。

底部鋼筋補強灌漿填平覆管

不鏽鋼底盤上方鋪鋼筋補強,兩者夾縫之間則是管線配管所在,隨後再用輕質混凝土灌漿填平,記得這邊少用傳統混凝土,不然夾層不堪受重。

浴室防水全做到頂

別以為有不鏽鋼防水便可安心,一般浴室壁面防水做到天花板高度,好一點的裝修會頂到樓板,可考量夾層空間屬性,防水極其重要,能做到頂,就做到頂。

TIPS 壁掛型衛浴設備可保持夾層淨高度

傳統馬桶施工要填糞管,高度至少要再抓 15 cm,這樣會影響夾層空間的挑高,若再封天花內藏排風管,夾層浴室會更低矮壓迫,建議選擇壁掛衛浴設備,讓地坪填高厚度減到最少,排風設備同樣走側面,且不做天花板,以保持夾層淨高度。

↑增設夾層,上層空間盡量不做天花板,避免降低高度。

高低差代替傳統門檻，解決浴室洩水止水問題

泥作篇
Situation 8

傳統浴室會以門檻來解決洩水、止水問題（上述章節有簡述相關做法），其實還有另一種更好的處理手法，就是透過地坪的高低差來製造等同效果。它的優勢在於設計美觀，還毋用擔心像門檻那樣容易藏污納垢。而所謂的高低差，是利用乾濕區的地坪落差與洩水坡度控制，來達到洩水、止水功能。

濕區洩水坡度大　乾區洩水坡度小

透過下列手繪剖面示意圖來解釋，左邊是一般的客用浴室，右邊是主浴室，兩邊地坪均做填高改管移位設計。主浴室部分又分成整容乾區和淋浴區，這裡利用高低差來處理止水問題。

乾區為改管填高地坪，洩水坡度可依使用者需求，做得平緩一些，淋浴區因有瞬間大量洩水需求，洩水坡度可拉大，以利排洩。

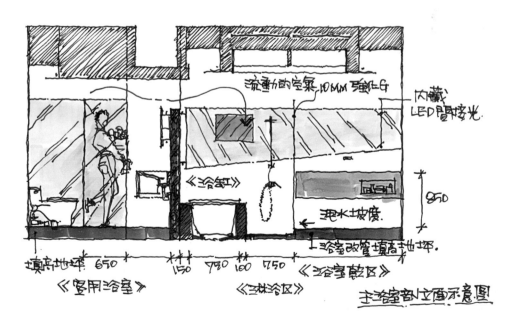

流動的空氣 10MM 玻璃LG
內藏LED間接光.
《浴缸》
泥水坡度
浴室改管填高地坪.
850
填高地坪 650
《客用浴室》
150 750 150 750
《主浴淋浴區》
《浴室乾區》
主浴室部分立面示意圖

高低差高度拿捏　依使用者需求調整

從右邊剖面圖可看到浴室乾溼區的地坪高地差處理，牆面和地坪的防水層施工，最底下的砂漿打底整平，需放置止水角鐵，塗厚防水塗料。乾溼區的高低差所需高度，要依使用者需求調整，範圍落在 2 至 5 cm，一般家庭以 5 cm 為主，若有銀髮中高年齡，考慮行動安全，會傾向 2 cm 規劃。

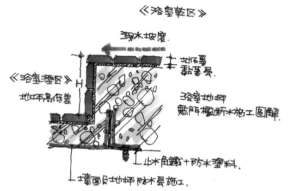

↑浴室門拿掉，讓浴室和臥房合為一體。

↑利用高地差取代傳統門檻的浴室地坪設計。

TIPS
地排要在洩水坡度最低點

地排位置哪兒為佳，直覺思考應該是落在靠牆邊或角落位置，但最佳的地排設置，需跟著洩水坡度的最低點安排，高於最低點，反而容易積水。另外還得考慮浴室的乾濕區規劃，意即確認好乾濕區配置，調整合宜的洩水坡度，再來設定地排位置。

↑圖為塗布防水層，從中可見浴室地坪形成階梯狀，是因應乾濕區域做降坡處理。

↑圖中淋浴區的方塊地坪，四周留設的溝宛如微型護城河，讓洩水更順暢排往地排。

木作無所不在，
施工順序忌諱亂套，
由上到下，從天到壁

在室內裝修占比極大的木作，涉及範圍又廣，天地壁無所不包。它的施工順序一般先天後壁，從上往下做，先解決天花板問題，才會去做壁面造型或木工隔間牆。木作還可搭配其他工種做複合式設計，像是可以和鐵件、壓克力齊心打造壁面裝飾，或是和石材一起成就中島餐桌。

當然因應設計規劃，以及工班調度，工序會稍作調整，階段性施工。舉例，天花管線配置已定位，角料也下好了，接著得有封板動作，但要封板位置剛好在做貼石材電視牆，那麼電視牆上方的天花便暫時不封板，等電視牆靠一段落，再繼續。

↑木作施工流程通常由上到下，從天花板開始做起。

↑展示櫃、電視櫃的結構體要靠木工來處理。

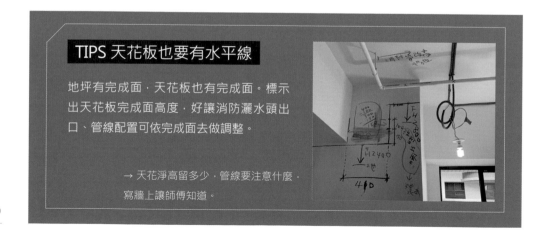

TIPS 天花板也要有水平線

地坪有完成面，天花板也有完成面。標示出天花板完成面高度，好讓消防灑水頭出口、管線配置可依完成面去做調整。

→ 天花淨高留多少，管線要注意什麼，寫牆上讓師傅知道。

複合建材壁面裝飾

訴求高質感的室內設計，是不會裸露原本的天花與壁面，可利用壁紙搭配線板修飾，也能選擇木作，藉由集成材（看選擇的板材是什麼），拼貼塑形，來包覆壁面，營造視覺端景。

櫥櫃展示架

系統櫃也好，或是木工純量身訂做，常見的壁櫃、整面的展示收納架等，無論純木料材質，抑或鑲嵌鐵片，內藏展示照明，整個主體架構全仰賴木作。

↑展示櫃、電視櫃的結構體要靠木工來處理。

客製化臉盆浴櫃結構也是木作

比起規格品的固定尺寸，木工現場量身訂做的臉盆櫃體尺寸更為精準，合乎空間尺度需求。

木作篇
Situation
2

天花板藏多種管線，
空調設備預留維修空間

現代人青睞工業風，裸露線路不做天花也無妨，求細緻點的，會包樑柱遮擋較不美觀的管線，或者以天花板造型來修飾處理壓樑風水問題。要做哪種風格的天花造型，不在此書焦點，純分享木工施作天花板或包覆修飾樑柱時，須注意哪些細節。

施作天花板用意在包覆修飾管線路徑，畢竟一個房子裡有瓦斯、消防、水電與冷氣空調等許多線路。水電視狀況而定，在天地壁遊走。瓦斯管線通常從後陽台連動到餐廚衛浴空間，多走壁面。冷氣空調的銅管則從天花走，開枝散葉到各機能空間。

↑空調銅管先安裝，木工才能下天花角料。

↑木作要先從天花做起，遇到需貼磚的牆壁，會和泥作確認施作高度，好抓準兩者交界介面伸縮縫。

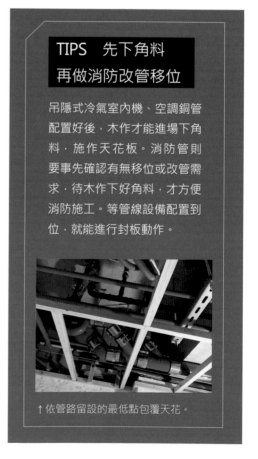

TIPS 先下角料
再做消防改管移位

吊隱式冷氣室內機、空調銅管配置好後，木作才能進場下角料，施作天花板。消防管則要事先確認有無移位或改管需求，待木作下好角料，才方便消防施工。等管線設備配置到位，就能進行封板動作。

↑依管路留設的最低點包覆天花。

角料支架密度要夠
下料不足天花板容易軟塌

以原則比例來說，天花板構成元素可分：

- 面材：矽酸鈣板，有日製、台製或大陸製，另有厚薄度之分，天花板多用 2 分板
- 角材：柳安木製成的防腐角材或集成角材

天花板是透過水平和垂直方向，交叉釘組角材，形成主架構，水平方向為主骨架，垂直者為副骨架。水平間距抓 80 到 90 cm 要下一隻，垂直方向的副骨架當水平衡料支撐，平均每 35 到 40 cm 補一隻角材，間距若拉太開，代表支撐點過散，板材一釘下去，天花板容易鬆軟，角料密度夠，天花板才牢固。

除此，每 2 根橫料（或稱橫桿）要補強一T 字吊筋，強化天花板骨架。做工比較細緻的，還會在天花板內加裝隔音棉，可降低樓上走動或搬移物件所產生的噪音。

↑ T 字狀的吊筋，每 2 根橫料要補強一隻，可讓天花結構更穩。

↑ 做浪形天花，其角料務必下足。

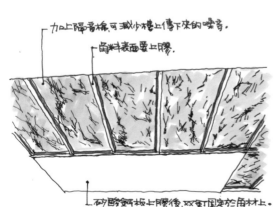

加上隔音棉，可減少樓上傳下來的噪音。
角料表面要上膠。

矽酸鈣板上膠後，以釘T固定於角材上。

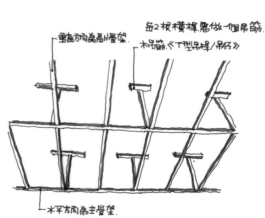

垂直方向為副骨架。
每2根橫桿需做一個吊筋。
木吊筋《T型吊桿/吊仔》

水平方向為主骨架。
低甲醛F3集成材角料。

內藏吊隱式冷氣室內機
機器前方預留 30 cm 出風用

安裝空調與水電、木作息息相關。木工師傅下天花角材前,得知道室內機尺寸,銅管會沿著哪邊走,所以冷氣廠牌型號和尺寸最好事先確定,這樣木作才好施工。

萬一安裝的是吊隱式冷氣,室內機隱藏在天花板裡,必須考慮出風和迴風口所需距離,設備本身也要有餘裕空間可做散熱。例如,當天花板完成面 35 cm,預留淨高度至少 30 cm 時:

· 機器後方留 20 cm 迴風,可隨天花預留淨高度調整
· 機器前方留 30 cm 出風,不能隨天花預留高度彈性更改

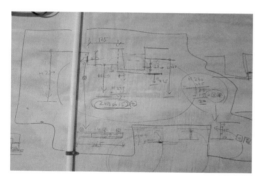

↑牆上註記說明吊隱式冷氣需要的迴風和出風口的施工尺寸和介面。

↑設計師需和木工確認天花管線、空調的位置與配管路徑,以及相關設備施工注意事項等細節。

↑吊隱式空調室內機吊掛完成,天花要留設檢修活動板,日後好維護。

↑吊隱式冷氣要裝哪裡,設備廠商、水電最好與設計師在場討論,木工一起聽說明,更到位。

↑天花板高度能做高盡量做高，高低差造型設計，既可修飾包覆設備管路，又能滿足室內空間淨高需求。

↑斜屋頂式天花，比傳統平封做法，更能強化空間挑高感。

高低差天花造型
可爭取室內空間高度

最好做的天花板是整個封平處理，縱使要跑很多管線，直接壓低天花淨高度，施工簡便且省預算。例如挑高有 280 cm，測量管線深度可能佔高 30 到 35 cm 不等，因各類管線是參差其間，有高有低，不會在同一水平上，在無法更動的情況下，既省事又乾脆的做法，直接沿管線設備的最低點，從 240 cm 高直接封平天花板。

但大家偏好挑高感，在圖面討論階段，不覺 240 cm 高的天花板封平處理有無壓迫感問題，往往骨架完成封板後，喊好低的聲音已經脫口而出。如果不怕費事，高低差天花板可以爭取空間更多淨高度，還能帶來不同造型效果。有管線設備的地方，天花板高度可貼著管線些，管線少的地方，往上適度拉高天花板。

· 貼著管線設備下緣走，調整天花高低
· 比對設計圖，現場測量尺寸微調整

好的設計應該依現場狀況調整最佳化的施工尺寸，好比圖面顯示挑高 2 米 5，現場查看發現能上移 5 cm，便跟著上移，多拉高些空間淨高度，有利無害。

↑施工期間，設計師需現場勘查以利隨時調整。

↑圖中可見天花板已封板上漆，高低差搭配溝縫設計，不讓天花設計過於單調。

↑貼近管線設備包覆的錯落式天花板造型，除了美感考量，還可讓室內空間天花高度最佳化。

六角蜂巢造型位置藏玄機
管線怎麼跑蜂巢天花就怎麼築

除了高低差造型天花，還有另種變形設計，仿生的六角蜂巢造型天花。木作師傅依設計圖打造不同高度、大小的六角蜂巢造型單元，錯落配置在天花樓板。這些蜂巢造型排列位置，看似任意組合，其實是有考慮到管線設備的配置安裝，管線往哪走，蜂巢就往哪築。大致步驟如下：

↑未封板前，清楚可見管線藏在造型蜂巢裡。

· 先確認管線位置走向
· 蜂巢天花造型跟著管線走
· 內藏抽風機、電線、燈光、維修孔、吊隱式室內機
· 橫料吊筋不可少，先下角材後將六角造型單元固定上去

↑管線設備一安裝完成，木作可接著下角料。

↑挑高浴室空間，有排風需求，部分管線即隱藏在六角造型天花裡。

木作篇 Situation 3

板材承重力有限，依建材特性做適度補強

木作設計應用極廣，造型千變萬化，特殊弧線曲面造型的天花或隔間牆櫃樣式，可運用彎曲板來一圓設計創意。而時下木作建材多元，彎曲板種類也五花八門，諸如矽酸鈣板材的彎曲板或石膏板材質的 FG 纖維強化可彎曲板等，可依設計需求選擇所需。

不過挑選合適建材時，得考慮它是用在何處，有何用途，不是每種板材都耐重耐彎曲，好比最常用的矽酸鈣板，防潮性好可惜容易折斷；高壓製成的松木夾板，不易變形，便宜取得，只要捨去潮濕或油煙處，它可運用在天花、地面，範圍極廣，針對不同板材，木作施工時除了避免禁忌建材之外，我們還能透過補強手法來達到設計需求。

↑木工施作圓門拱造型

↑木作設計千變萬化，是室內裝修主力工種之一。

TIPS　45 度角線板隙縫批膠

裝飾線板是打造新古典、美式或鄉村風格的重要素材，也是木作常用的材料。當採用紋理較複雜的線板，裁切 45 度角接合時，除了要注意花紋的平衡對稱，隙縫也不宜過大，影響油漆補土批膜。

↑線板裝飾性強，運用相當廣泛。

↑ 放置書籍雜誌的書架牆櫃，木作施工時要注意結構承重。

↑ 矽酸鈣天花板有要懸掛頗具重量的大型燈具，要請木工在吊掛位置做好結構補強。

吊掛大型燈具位置要特別補強
現場丈量現做比工廠裁切尺寸更精準

要懸掛哪種燈具，一定要在木工施作前，特別備註說明，這樣師傅才會知道是否需要補強天花結構，而且依照燈具重量規格，判斷有無需要擴大補強範圍。

就以下案例來仔細說明施工關鍵。

· 天花整區補強
· 角料補強
· 封板要厚

↑吊掛厚重水晶燈，圓盤底座須加厚夾板，不能單靠矽酸鈣板，否則鎖不牢。

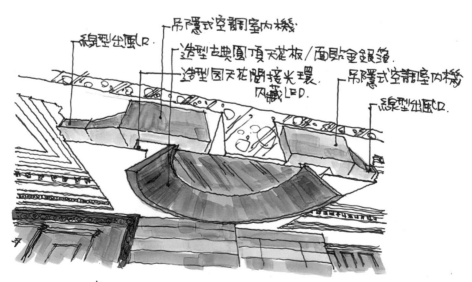

<古典造型圓頂天花大樑修飾+空調吊隱位置示意圖>

如左頁下方手繪圖所示，新古典造型圓盤，尺寸刻意拉大，貼上銀箔，鑲嵌鏡面折射水晶燈光源，圓盤有如超大型燈罩輪廓，雕塑出極致奢華感。得動用 2 人安裝的水晶燈，其重量是無法單以矽酸鈣板支撐，甚至只補一塊夾板鎖牢螺絲也不夠

木工師傅直接將一整座圓盤周邊用厚板材支撐，天花預先下的角料間距密度要跟著拉近，愈密，天花結構愈堅固，吊掛位置封板時，至少用上 5 分或 6 分板，才有足夠強度吊掛水晶燈。一般木作為求效率，規格品會直接在工廠裁切，再到現場組裝，現場直接施工的好處是現場裁切施工尺寸的伸縮縫會降到最小值，不易造成安裝時留縫過大，事後修補不美觀。

↑ 有吊掛像大型水晶燈等重物的天花板，角材結構要加強。

↑ 圓盤天花造型，靠木工師傅精準切割尺寸，這些都需事先精心比對規格尺寸。

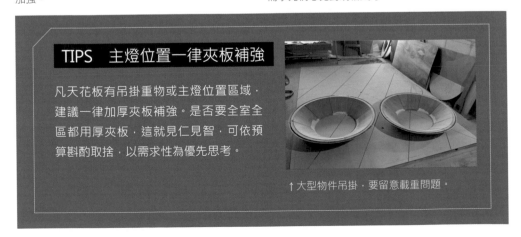

TIPS　主燈位置一律夾板補強

凡天花板有吊掛重物或主燈位置區域，建議一律加厚夾板補強。是否要全室全區都用厚夾板，這就見仁見智，可依預算斟酌取捨，以需求性為優先思考。

↑ 大型物件吊掛，要留意載重問題。

6 分木芯板強化櫥壁櫃結構
吊掛重物不怕崩、塌、垮

3 分板、6 分板、MDF 塑合板...等，是木
工師傅用來架構櫥櫃、展示層架的板材
選項，透過結構密度來增強支撐力外，
部分木作項目傾向使用 6 分木芯板，因
為板材夠厚重，支撐力才足夠。最好判
別的莫過於書櫃層架。

另外如桌面是大理石枱面，舉凡電視櫃、
中島廚房、浴櫃等，他們的桶身底板以 6
分板為佳。

有些甚至會出動 C 形鋼鐵件來輔助支撐，
從結構體下手，這點最常出現在中島餐
桌，或是夾層設計。

↑ 電視牆的結構體可由木作來施工打造。

↑ 厚重餐桌鑲嵌中島，光靠木作支撐不了，得由鐵
件來擔任承重角色。

TIPS
吊扇鎖樓板較安全

注意吊扇尺寸、轉圈大小以及
電源配線，因吊扇運轉時會產
生震動，底座如果鎖在矽酸鈣
板天花，時間一久，螺絲會鬆
脫，吊扇很容易掉下來，建議
鎖水泥樓板，以防吊扇脫落造
成意外。

↑ 木作櫃體再鑲嵌石材。

木工打造電視牆櫃主結構

電視牆櫃設計以木作工程居多，若看到電視櫃枱面外觀乍看整座石材打造，其實它的基底構造是由靠木工師傅先打造櫃體，以 6 分板作為底板材質，同時提供石材廠商打樣，確認電視櫃石材尺寸大小，再行切割，乾式施工貼上。

2 分萬用板當櫃體底板省批土

需噴漆處理的櫃體設計，櫃子底板要選用平滑的板材，可以讓油漆批土較不費力，甚至可節省油漆批土的工料費用。預算充足的話，可選擇萬用板，尤以 2 分萬用板為佳。因為若是壁面不平整，油漆噴漆後，表面會顯得平整，比較不會有凹凸不平的狀況。

浴室檜木飄香，記得離天地 5 mm 留縫，超完美防潮介面

充滿檜木香氣的浴室怎麼來？牆壁、浴櫃、天花全都拼接檜木條修飾，即可讓空間瀰漫森林芬多精。浴室基本施工流程，水電、防水、泥作貼磚，抓高低差拉洩水坡度，前面的步驟固定，可裡頭的木作和其他機能空間在施工上，有點不太一樣。

保護防水層
浴室木作不能用釘槍

首先，木作得用釘槍固定板材，但在檜木浴室卻是禁用釘槍釘打牆壁。因為該處牆面已經做好防水層，遭到打釘，會破壞防水層，讓濕氣浸潤入牆壁，而且不利檜木壽命，所以浴室壁面不貼磚，貼木類建材飾板，一律以同具防水功能的特殊黏著膠來黏檜木。

↑先排列組合，確認後再上專用防水膠黏貼。

簡易圖解檜木浴室步驟

↑檜木浴室泥作基本流程，抓地坪完成面。

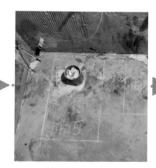

↑衛浴設備放樣，確認施工尺寸，地上標記。

↑壁面粉底防水，預備貼磚工序與檜木拼接。

木造離地 5mm 防潮
還能製造立面陰影視覺

即便檜木類不太擔憂水氣侵蝕，可只要是木頭，和水「八字不合」，還是會受潮，浴室又是容易有水的地方，加上使用者習慣，難保靠地坪的檜木不黑掉、長香菇發霉。因此檜木浴室的通風設計不可少，於此同時，壁面檜木條建議不落地，別緊貼地坪。

檜木離地可以 2 或 3 mm，沒有制式規定，經驗法則推估以 5 mm 為佳，一則遠離地面水氣，儘管要怎麼清潔洗刷浴室，檜木不易過度沾染水氣。二則透過縫隙差，和光線產生的立體光影效果，把空間維度襯的更有層次。若你將檜木直接貼地，受到浴室洩水坡度影響，視覺上會覺牆歪一邊，空間沒有在一致水平上，保持離地間距 5 mm 作為檜木的水平下緣，正好修飾地磚的洩水坡度。

↑檜木不落地 5 mm 間距，以相等厚度的板子放地上，讓師傅有依據好施工，檜木放上面再黏，牢固後抽出板子，形成自然溝縫。

↑檜木條貼浴室壁面，務必離地避開水氣，天地各留縫以 5mm 為佳。

↑壁面檜木條放樣比對，現場調整尺寸。

↑乾區檜木壁面裝飾與洗手枱面結構體。

↑比對確認衛浴設備規格，進行固定動作。

↑利用檜木舊料二次加工，裁切成條狀拼接，考驗施工精準度。

檜木香臉盆浴櫃要精準放樣
方管結構材質防水性更佳

通常洗手臉盆的結構桶身以木作為主，若預算允許，結構體可運用不鏽鋼管鐵件，打好臉盆基底骨架，再佐以檜木條拼貼，同樣維持檜木不落地原則，5mm隙縫差，好防水易清掃，而一體成形的不鏽鋼結構底座，材質本身極具防水效能，即便潑水濺濕也不受影響，可讓檜木臉盆櫃使用更長久。

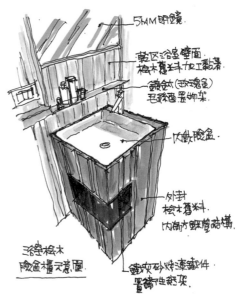

NOTE
檜木條拼接先放樣確認

採用一條條大小不一的檜木拼貼,為避免出錯,建議現場放樣,會將裁好檜木條和設計圖比對形狀規格,牆壁試排列組合,盡量避開邊做邊裁切比對,因為這樣很容易拼接到靠角落邊角處,檜木寬度落差太大。

↑現場放樣,還可同步清點數量是否正確。

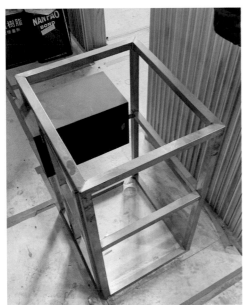

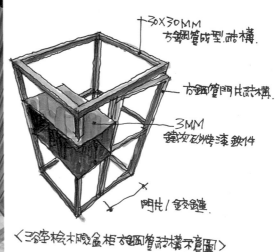

30X30MM
方鋼管成型結構.

方鋼管門片結構.

3MM
鏡效砂烤漆鐵件

門片/鉸鏈.

〈浴室檜木臉盆櫃方鋼管結構示意圖〉

方管結構微調定位　溝通調整貼檜木空間

檜木臉盆櫃要支撐臉盆,同時焊接烤漆鐵件打造的衛生紙架,也要做抽屜拉門,因此方管結構的施工尺寸圖得精準拿捏,一併考量到臉盆規格、拼貼檜木與地坪洩水坡度(浴室地坪不是在一水平線上),再交由鐵工廠鑄造。一體成形的方管結構安裝時,需根據後續配合的工序所需施工尺寸,現場微調定位,最後安裝固定。

臉盆上架讓檜木條比對尺寸

臉盆櫃拼貼檜木條，建議請衛浴廠商將臉盆送至工地，直接架放實品好讓木工師傅核對尺寸，設計師同步在旁和師傅溝通檜木排列順序，以利適度調整。

留意抽屜門片尺寸差

因為臉盆櫃有設計外拉式門片，而檜木條拼貼自然生成縫隙，注意伸縮縫熱脹冷縮外，還需考慮門片絞鍊開闔位置。

打開時，檜木厚度不會影響到，都須經過事先現場模擬放樣，調整到最佳狀態，師傅才會固定檜木，減少建材來回拆解。

↑運用原木拼接修飾壁面，要小心放樣，預留原木熱脹冷縮的空間，確保施工尺寸差能在允許範圍內。

↑鮮豔色彩和古典線板兩相作用，交織新古典風情。

古典、童話故事在現代空間翻轉新巧思，為了呈現屋主想要的浪漫，企圖替古典元素尋求創新可能。女孩房主牆以木作裝飾古典線板，跳脫制式思考，另外選擇較鮮艷瑰麗的特別色塗料，噴漆上色。單透過木作和油漆施工，搭配金屬冷色的典雅床邊櫃及桌燈等軟裝布置，創造新古典風情。

▌設計的奧義 ▌

· 特別色噴漆
· 古典線板、飾板裝飾

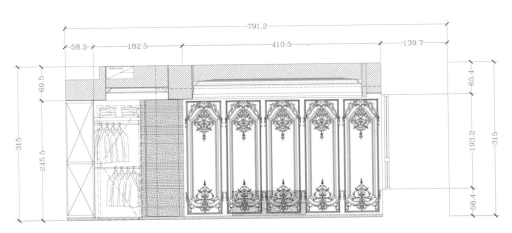

↑女孩房立面設計示意圖。

↑運用古典線板與飾板，對稱式組合，透過漆彩製造瑰麗視覺效果。

↑周圍不同材質封包保護，以利噴漆施工。

比幾底幾度還重要，
先檢查天地壁有無狀況

來到油漆階段，其施作順序是從天花樓板到壁面，由上到下上漆。但油漆師傅進場作業最要緊的是選塗料色號？不，比選色、調色還重要的是現場工地條件合不合乎油漆施作。牆壁粉光整平夠不夠平坦，有無龜裂跡象？壁面要油漆了，卻發現牆體有滲漏潮濕現象！壁癌沒妥善解決，不管師傅怎麼上色，多個幾底幾度，肖想披土披厚點就沒事，一切都是幻想，因為漆真的會「掉漆」，牆吸附濕氣，造成漆面吐色，變成施工品質不良。

· 牆沒整平，漆後凹凸更明顯
· 壁面龜裂，光披土上色，日後
　裂更大
· 壁紙殘膠沒清乾淨，嚴重影響
　上漆效果
· 天花、樓板、壁面有裂痕滲水，
　油漆過後會有水痕，產生色差

↑油漆收尾，要靠經驗老道的師傅一一修補。

↑油漆工程主要涵蓋天花和壁面。

↑木作抽屜和門片，因應油漆需求，會先暫時抽拿出來噴塗施作。

原漆面剃除乾淨
避免影響顏色表現

木作櫥櫃天花和線板裝飾,多為新施工,皆需粉刷新色或塗保護漆,沒有顏色覆蓋不覆蓋問題,倒是牆壁原有油漆的,在拆除過程會要求整面剃除舊油漆層,清潔乾淨,有壁癌的,先做補強處理,請泥作重新粉底,且務必做到整平,不讓牆壁看起來像有山丘起伏狀,否則來個蘋果綠,牆壁成了貨真價實的小山丘,且舊色不除,和新色混濁在一起,影響顏色呈現不打緊,還有可能干擾新色附著(吃不進去)。

↑油漆施工前,準備工作不少。

↑木作的地方發現滲漏水,建議先停工處理滲漏問題,受潮的木皮需重貼,確認無疑再復工。

自我提前驗收
發現問題可以快快修復

其實到了油漆階段,等同裝修工程準備要收尾,哪兒做工有瑕疵的,泥作、水電、木工有沒做好的地方,其實油漆師傅上漆前,他們有時候比設計師早些直擊到。如果可以提前告訴設計師哪邊出狀況,好及時修復處理。

↑油漆階段,設計師應不定期的到現場,做階段性檢驗,好及早揪出需補強改進的地方。

若師傅全然沒告知，悠悠地上他的油漆打卡收工，即使你努力修補，原信任你的屋主，已埋下懷疑種子，不信任你的專業能力。

所以配合合作的油漆工班，會培養一種革命感情，務必請師傅在現場發現哪裡有問題，可回傳給設計師瞭解狀況。

寧願暫時油漆停工，也別延宕到最後。設計師自己最好也勤跑工地多檢查確認，別只靠工班拍幾張階段完成照，就想放心。

↑油漆噴塗作業有其分工施作順序。

↑油漆施工期間發現大理石刮傷，務必儘速回報給設計師。

↑油漆進場代表裝修工程完成度有 8 成以上。

油漆篇
Situation
2

電腦選色顏色精準，
日後補漆不擔心有色差

現在的油漆品牌量產，推出一桶桶標準色漆，想要什麼看型錄挑，若有特別色需求（意即非規格品），選色方式有二。一請師傅現場調，二是電腦調色配好好，可翻找色票選喜愛的油漆色。那麼兩者有沒有差異？電腦調色與人工調色的材料成本有差，前者市場價偏高，兩者的顯色效果也大不同。

撇開選色模式造成的材料成本，油漆成本關鍵在於人工。因為它是純手工的工種，靠師傅細心批土打磨之外，當室內設計運用較多跳色時，會根據上色順序，師傅得考量現場環境，油漆前後做包覆保護動作，工序變得更為繁瑣，自然人事成本跟著增加。

更不用說塗特殊漆或噴漆作業，特別是噴漆對批土打磨更加講究，相對人工成本會略增。加總下來，電腦選色的油漆工程自然貴了些。但別想省預算，直接請師傅現場調色，畢竟人工調色有其限制。

↑油漆選色可由師傅現場人工調，或交給電腦選色。

↑想選哪色，可以透過型錄挑。

傳統手工調沒數字參考
每次顏色會有色差

早期電油漆作業全仰賴師傅「純手工」現場調色。癥結點在於現場調，顏色容易混濁，明度彩度相對不漂亮，而且這次調的，未必和下次同樣，一樣的顏色卻產生些微色差，萬一日後重粉刷同色系油漆，或局部補漆，紅黃藍 RGB 各多少，沒有一定數值，新調出的顏色全然沒有一個基準，補上漆容易那深一點，這裡淺一點。不管是不是請同一個師傅調，結果都一樣。本只想局部漆，變成整面漆。

↑一些邊角地方，得靠師傅人工細心粉刷。

電腦 RGB 選色
日後補漆調數據更便利

反觀電腦調色，每家廠牌有自己一套色票和編碼，好幾千種顏色可任君挑選，透過電腦配色，它的 RGB 值固定，顏色精準，不會因為物換星移有所改變，就算同一種顏色，新與舊沒有色差問題。

日後想要修補或重上色，照著當初的 RGB 數據去調色，相當方便。

↑用色票來選塗料顏色會比單靠師傅現場調漆來得有依據，不怕將來找不到同款色。

↑牆壁天花油漆，要注意原始表面維持可粉刷的乾淨度。

油漆篇
Situation3

選好色別急著開心，
燈光材質影響顏色變化，
現場模擬比對減少落差

選定想要的顏色後，我們還是有個確認作業得進行。因為挑色階段可能是在設計公司裡進行，可能只看這油漆品牌提供的色卡，單純挑選，忽略顏色在不同時間、不同材質透過光的作用，演色感會有所不同。舉例，同樣照映在紅色絨布的光，自然光和人工光源等不同光源照明，影響著色彩的演色性，油漆也是如此。

交叉比對色感

列出影響挑色條件，模擬想像顏色實際呈現，有助選出合適設計色。這比看螢幕或從色票中選擇更實際，減少選色偏差。

· 人工光 源 vs. 自然光源
· 白天 vs. 夜晚光源
· 搭配的建材材質與紋理

↑同樣的顏色，在自然光和人工光源照明環境下，色感明顯不同。

室內設計使用的建材，不是單只有1、2樣，你會用到玻璃鏡面、木皮、石材、磁磚或金屬類建材，這些建材若都是黑色，可他們的黑卻有所差別，不同材質紋理影響色澤變化，包含選用的照明，是黃光還是白光，折射出的黑也不同。

↑電腦調色的油漆可於現場先試刷樣本比對效果。

所以在挑油漆顏色時，很常拿著色票，室內外交叉比對顏色，比對效果是否有達期望，甚至出動建材樣本，確認油漆區域周邊的天地壁配色合不合宜。

現場直接比對做最後調整

選定好用色後，可再做一次現場確認。施工現場愈有臨場感，愈能提高配色準確率。帶著選好的色卡，在工地交叉比對，萬一有想調整的地方，直接工地現場做最後的修正調整，確認無誤後，即可記錄數據，按色票編碼進貨備料。

↑將樣本拿到不同光源下，感受其演色差異性。

↑色票選的橄欖綠，會因光源種類與強弱、覆蓋面的材質，影響到色感表現。

TIPS 色玻樣本現場比對效果

玻璃類工程，於木作退場和油漆進場施工期間，可安排到實地會勘丈量，將彩色玻璃樣本帶到工地現場室內外，重看一回在不同光源環境下的演色效果。

→現場比對效果永遠最準。

要上漆的地方做編號，
不怕師傅漆錯色

全室單一油漆用色，倒還無所謂，若想要風格變化大些，來個多種色系混搭，得提醒師傅小心別上錯色。以及想要的刷感紋路，這邊細緻，那邊強調手感，花紋是直橫紋，光用嘴巴交待怕是不夠，有個樣本放在工地，師傅便可「有樣學樣」。可以比照複合式貼磚手法，在磚上編號，讓泥作師便利施工，同樣替要上色的天花、壁面和櫥櫃等，標示區塊位置與對應顏色。

標記用粉筆好處理

牆上粉筆書寫告知，工地唾手可得的廢料木夾板也能當告示牌，放在現場，供施工的師傅比對，確保上對漆。

而現場的註記建議以粉筆為佳，少用油性或水性簽字筆，因為對油漆師傅來說，簽字筆的墨水容易暈開，影響油漆面的顯色效果，還得花力氣清潔，相對造成施工困擾。

↑收納展示櫃要噴什麼漆，全都用粉筆，大字寫在上頭。

↑現場殘留不用的夾板可拿來記錄書寫施工細節。

↑上漆的地方，也畫編號註記，提醒師傅用對油漆。

油漆前試色確認效果

有些人單看小小張色票，是沒有想像空間，抑或無法將色彩投射在實際空間，總是要等到看到了塗整牆，方才有感。現場改色也是大有人在，或許可嘗試電腦選色與臨場微調合併手法。

會有這方面疑慮，主要是塗色面積大時，會改變我們對空間想像，尤其是深色漆，當比例大過該空間的 1/2 或 2/3，會產生壓迫感，故現場師傅上好底漆預備上色前，可先將油漆試刷在夾板樣本上，現場實際目測塗刷效果更有感些，最後真有要改淺色或維持原貌，便交給師傅現場微調。

記得記錄微調後的顏色，剩料可備存給屋主，做日後補漆用。然而電腦選色又要現場微調，下次修補很難一致，修補時多半全部重刷或換色，需事先告知屋主。

↑建材材質會影響塗料顏色，上色前，可先在夾板上試色確認。

↑可請師傅現場試塗，確認塗刷樣本的演色效果。

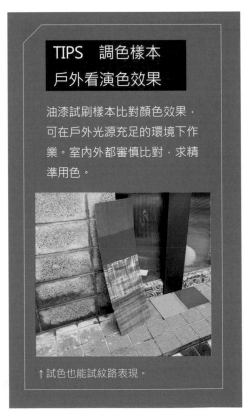

TIPS　調色樣本戶外看演色效果

油漆試刷樣本比對顏色效果，可在戶外光源充足的環境下作業。室內外都審慎比對，求精準用色。

↑試色也能試紋路表現。

油漆篇
Situation 5

板材交界留縫 3 mm，
AB 膠填縫處理，
別只想靠批土草草了事

遇到木作要油漆，板材間的縫隙處，得填補 AB 膠，特別是天花板、包樑修飾的地方。之後再依油漆工序，依序施作。不過上膠批土，可不能胡亂做，自有專業眉角。

天花用 2 分矽酸鈣板
填膠需要完美縫隙 3 mm

木工在封天花板時，因板材介面關係會留些隙縫，這是為了避免板材熱脹冷縮所預留的縫隙（在每一裝修階段和不同材質的介面拼接，都需留伸縮縫）。

↑木作板材縫隙需要填膠補平，以免日後震動或熱脹冷縮龜裂。

NOTE 批土功效在大面積整平

油漆前的批土工序，能修補有些不平整的壁面，可幫前一泥作工種修飾補強，優化上色效果，不過它無法無限上綱，批土厚度過厚，隨著濕氣變化，漆面容易剝落龜裂。所以如果上漆前發現牆壁有異樣狀況，應先確認處理好後，再行油漆。

→油漆前一定要先批土。

在台灣，天花板多用 2 分矽酸鈣板，根據經驗，木作留縫有大有小，不可能每釘一塊板，拿量尺對縫幾公釐，大致目測施作，縫隙落在 2 到 4 mm，也有做到 6 mm 的。有些施工貪圖方便，只批土油漆，時間一久縫隙會裂開，故油漆師傅多會針對縫隙處填補 AB 膠。

但要讓 AB 膠發揮作用，木作留縫 3 到 5 mm 皆宜，縫過小，AB 膠反而不好吃不進去，更不利熱脹冷縮空隙，過大，AB 膠本身彈力無法支撐留縫，顯得過軟，銜接不牢夾板，所以留縫 3 mm 最完美。

↑天花包樑夾板接縫，得靠油漆來修飾表面。

↑上漆前作業，得先填膠批土，才能進行後續施工。

↑硬化樹脂地坪基底板材接縫，要批膠填縫。

↑替木皮上保護透明漆也是油漆工項的一種。

不同材質厚度留縫有別
等 AB 膠乾再上漆防龜裂

不過板材材質不同，未必硬性規定縫留 3 mm，好比水泥板厚度比 2 分的矽酸鈣板厚，縫隙自然也大些。不管如何，注意填縫 AB 膠一定要擱置一或兩天，等風乾後才能進行批土，萬一急著趕工，熱脹冷縮下，板材反而容易龜裂。

無論板材交界留縫是大是小，都應該全面 AB 膠填縫處理，千萬別貪圖方便，想草率了事。

油漆篇 Situation 6

噴漆作業粉塵多，注意空氣對流，請木工退場減少懸浮物

除了人工油漆粉刷，還可機器噴漆，一口氣透過濾嘴和壓力，將液態油漆高壓噴射在表面，可快速均勻處理油漆面，節省人力與時間。但不管是人工或機械，均需要先批土打磨，以打磨機全面性磨平，砂紙做局部細緻打磨至表面光滑，如此一來，油漆效果尤佳，特別是噴漆，因它的厚度比人工刷漆薄，沒批土打磨好的地方，容易看到坑坑巴巴。除此之外，噴漆容易隨著空氣四散各處，記得幫周邊貼塑膠套膜，免得沾染塗料。

↑不同顏色的噴塗範圍，會根據施作的先後順序，以塑膠薄膜做暫時性保護。

↑油漆作業往往純手工和機械噴漆兩者並行運用。

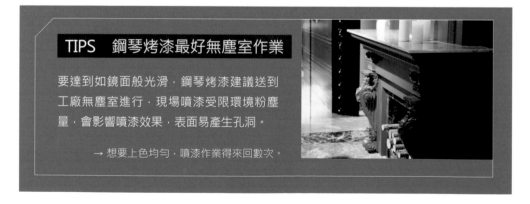

TIPS　鋼琴烤漆最好無塵室作業

要達到如鏡面般光滑，鋼琴烤漆建議送到工廠無塵室進行，現場噴漆受限環境粉塵量，會影響噴漆效果，表面易產生孔洞。

→ 想要上色均勻，噴漆作業得來回數次。

攪拌均勻靜置 30 分再施工
讓噴漆少孔洞更勻稱

如同拌麵粉糊沒攪拌到看不到粉狀，會影響麵粉糊質地，當噴漆攪拌材料沒拌均勻時，塗料罐內便有顆粒產生，外加攪拌過程中不時生成氣體，會隨噴槍噴灑而出，衍生成壁面有一顆顆顆粒物，或有小小的孔洞。顆粒物能透過打磨磨掉，孔洞部分則得讓師傅事後手工修飾。為降低孔洞發生，只要將攪拌好的漆料擱一段時間，放個 20、30 分即可。

其他工種先退場
減少環境粉塵影響

影響噴漆作業，還有一種可能是粉塵。大量施工下，容易生成些粉塵髒污，噴漆時會將現場空氣中的懸浮粒子連帶噴在天花壁面，一經打磨刷掉粉塵，變成四處都有一小點沒上到漆。

↑ 使用機械噴漆要盡量減少環境粉塵，太多會影響噴漆效果。

TIPS 噴漆要保持室內空氣流通

噴漆時，現場窗戶不能全打開，粉塵會滿天飛，噴漆壓縮機也別放大門入口，或開窗面，免得機械運轉聲擾民。避免噴漆過程造成師傅缺氧，室內最好保持適度空氣對流。

↑ 油漆跳色施工，工序較為繁瑣。

↑ 油漆退場，未清潔前，空調安裝後要保護。

地暖濕式工法安裝，
要與泥作師傅配合施工

想要享受像韓劇、日劇那樣，寒流來襲，有暖呼呼的地板，走起來，腳丫子暖和，可以安裝地暖系統設備。而地暖系統約略可導熱膜發熱和電纜發熱兩種類型，導熱膜是放在水泥層上方，電纜發熱則埋在水泥層裡，兩者各有優勢。

電纜發熱型的安裝工法還可分乾式和濕式，乾式只能用在木地板區域，濕式可用在石材、磁磚、創意地坪、木地板等，但濕式工法必須和泥作師傅搭配。特別是地坪貼磚，軟底貼磚工序較簡單，二次施工的硬底工法，其覆管動作得拆兩階段進行。

・水電要配獨立專用迴路
・總開關電盤不足，要向台電申請大電
・水電進場時，地暖馬上進場放樣施工

↑地暖工程由專業廠商施工，但需提前場勘評估施工條件，並與水電、泥作師傅相互搭配施作。

↑不同建材地坪已考驗師傅的地坪完成面拿捏功力，又要架設地暖系統，很需各工班分工合作。

↑地暖工程在水電和泥作施工初期階段就要進場。

地暖一定要先場地會勘

水電進場前,或者水電正在施工時,
地暖廠商必須先到場會勘,討論施
工流程,針對設計圖確認配置的區
域範圍。好同步與水電溝通配電管
線要注意的細節有哪些。除了確認
總開關用電量足不足夠、專用迴路
的配置,後期的面板開關位置與開
口大小,都是在前期得溝通確認。

整間放樣

要鋪地暖的區域,與設計師一同放
樣,現場尺寸一一比對確認,尤其
鋪設空間只是局部面積,有彎彎
繞繞塊狀的時候,有賴整區全部放
樣,才知道哪裡需要調整追加會減
少區塊。確認後,有助進場材料的
數量控管。

砂漿層鋪隔熱層底墊

電纜發熱型地暖,首先得以一層專
用黏著劑(水泥 + 益膠泥),用抹
刀抹砂漿刮出螺旋紋,再放隔熱層
(或稱斷熱層、斷熱板),緊黏樓
板當底層,靜置等待黏合風乾。需
注意隔熱層要吃滿漿,否則會影響
黏著力,隨後膠黏電纜固定器。

全區纏地暖纜線鋪保護墊

安裝地暖電源纜線，如圖中的藍色線路，沿著鋪設底墊區域，以 U 形纏繞在隔熱層上頭，作為發熱層。線路鋪設工程大約為 1 個工作日，為避免工地進出破壞設好的地暖線路，可先用現場拆卸的包箱紙，做臨時性覆蓋保護，免得管線遭到破壞。

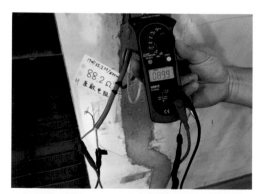

確認電壓穩定

和繞地暖管線同天進行，架設好線路時，須測試電阻，確認整體線路有無問題，這有專業儀器，透過熱感應偵測，可以知道地暖設備安裝成功與否。

測試過程由地暖廠商主導，水電不一定要全場都在，可先行施工其他工程，可有問題再通知水電留意。因地暖是在水電、泥作重疊交叉施工階段就要進場施作，彼此碰面機會高，真有事兒，亦能趁早處理。

↑安裝地暖設備，現在工法日益純熟，在室內設計
頗為常見。

地坪工種儘速覆蓋地暖線路

一旦地暖線路鋪設完成，應儘速安排地坪工種進場施工，覆蓋保護，例如地坪採用貼磚，可優先處理地暖區，打底地坪覆蓋地暖管線，進行地磚鋪設工程。至於要用哪種貼磚工法，可參考使用的材料來加以評估，但要留意地坪施工厚度，勿讓砂漿層過厚影響導熱。

TIPS 局部地暖施工圖標色

建議有需相互配合的工種都要知道施工圖，可用色筆圈列範圍，避免施工時，這邊多一塊，那邊少一塊，工班管理紊亂。

便利1：水電要清楚知道鋪哪裡，設備規格為何，以利安排迴路與適當的開關插座位置。

便利2：泥作師傅要把地暖施工厚度算進貼磚的施工厚度，預留更為正確的 ±0 地坪完成面。

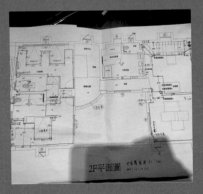

↑習慣在地暖施工圖標示區塊，方便大家好按圖做事。

無縫地板不怕溝縫卡垢，施工素地要乾淨平整沒裂痕

貼磚或木地板必有縫隙產生，久了難免卡髒污灰塵，潮濕氣候又擔心溝縫髒污難處理，時下另一種特殊地坪工法，無縫地板，利用合成樹脂、EPOXY 等材質，澆灌地坪形成如果凍般的表層肌理，一體成形，整面無接縫平滑質感。這類無接縫地板容易清潔，成為室內設計人氣選項，不過，想施作，無論是哪種材質，得有下列條件。

條件 1：素地乾淨平整無砂石碎屑
條件 2：可水泥打底或用雙層夾板交疊當底層
條件 3：邊角溝縫要補平

↑施作無縫地板，在一些邊角溝縫處要補平，不然會影響施工。

↑無論是水泥或木夾板地坪，要進行無縫地板工程，該素地需整理乾淨。

↑運用黑白色合成樹脂，隨機潑墨揮灑出獨一無二的創意地坪。

↑復古地坪透過水泥染色劑和水泥的矽酸鈣成分起作用，自然產生獨特色澤紋理。

合成樹脂地板
嚴守 3 工序玩潑墨效果

做好素地整平清潔、防水等措施基礎工程，接著便可澆灌合成樹脂，如果底層採用夾板，也須謹守基本動作，特別是夾板間的縫隙得填補，否則地板顏料會順著孔洞流洩出來。隨後依序想要的圖樣效果，一層層替地板上色刮抹花紋。但想讓潑墨效果佳，最好讓有美學基礎的人現場指導控管，免得事後嫌師傅沒做到位。

工序 1：底板防潮補強

工序 2：灌合成樹脂，刮刀抹平整，依序灌抹不同顏色的合成樹脂

工序 3：上油當保護層，讓地板合成樹脂定色，隨後鋪透明防護膜，避免沾黏髒污

↑潑墨畫般的合成樹脂地坪靠師傅巧手打造。

復古地坪
要和水泥起反應才會顯色

表面像是不同顏色交疊，帶點青綠色澤的復古感，這是另一種以水泥染色劑為基底的無縫地板做法。

↑復古地坪的基底需為水泥粉光層。

它的優勢在於花樣怎麼調配，比看人繪畫天份的合成樹脂地板來得好處理。同樣的施工過程，唯獨復古地坪需要水泥當媒介，將水泥染色劑噴灑在水泥上，自然衍生出仿舊紋理色感，所以它的基底必須為水泥粉光層，故當底層是夾板結構時，夾板便必須再裹一層水泥砂漿打底。

↑水泥染色劑和水泥層起作用，可再利用海棉沾水刷抹，讓色澤更豐富。

秒複製
創意設計施工要訣
Design Chips

設計的前提是在解決問題滿足需求，在有限條件下，發揮創意。有時運用簡單的材料，加點巧思，也能創造美好細節。可成就這些亮點，必須有可以相配合的專業工班師傅，相對，設計者也要準備好讓師傅看得懂、好操作的「簡易說明書」。

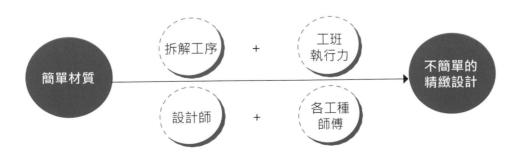

建材不在多但要巧
花在刀口上才是好創意

好設計不一定要花很多的錢去購買很多建材物料，而是有沒有花在刀口上，如何在被制約的條件下，去替使用者解決各式生活疑難雜症，畢竟裝修預算不可能無限上綱。

有巧思的設計，是能夠不受限框架。未必戶外材就只能當戶外材，貼地磚就只能在軟硬底工法中擇一使用（其實有些工法可以併行，但工序會變繁複）。反過來，是可因地制宜，探討任何一種可能，運用簡單的材料和匠心獨具的創意，成就美好細節。

↑靈活運用建材特質，切割分子化再組成，型塑空間立面層次美感。

工欲善其事，必先利其器，展現創意之前，建議先熟透身邊的建材元素，再尋求跳脫對建材的制式想像。每種材料有其通用的地方和習慣運用的範圍，能在這基本遊戲規則下，加點小巧思、一個小改變，亮點大不同。當然這背後需要有默契的工班師傅，由他們按設計者分化好的施工說明（拆解工序），按部就班，才有辦法實現紙上藍圖，翻轉空間創作。

↑運用回收材來變化空間設計，如圖的回收木材廢料，是極佳的裝飾品。

↑跳脫制式思考，讓設計更靈活。

↑單一素材重組合序列，變化設計。

先熟悉材質特性
才能配對工法變化創意

材料想怎麼運用，其實完全是按照設計師的想法走，所以，前提是須掌握住材質特性，天地壁該用哪種建材，搭配哪種施工法，心中要有底。舉例，木板天性怕潮濕，水氣多的浴室或者容易風吹雨打的戶外陽台，就得避開木板選項，但像是檜木類，散發天然香氣，自然芬多精，浴室、spa 芳療間很愛用，因此拿檜木當浴室壁材，可時間一久，仍會受潮，腐朽變黑，所以施工時得注意不頂到天地，避開水氣即可。

另外裝修常見的夾板，它是高壓製成，不易變形且造價便宜，因此可以降低裝修成本，所以它的運用範圍相對廣泛。另個本身是戶外壁材的火山洞岩石，表面略帶孔洞，若拿來當書桌枱面，別有意境，用法轉個彎，戶外材也能變室內建材。

所以想用哪種建材材料，先做好功課了解其中特質與優缺點，才能深入變形用法。

↑想玩創意，得先了解各建材特性。

↑設計師不是一開始就知道建材該怎麼用，多少還是需要實務經驗累積，自我筆記各種變化用法。

從經驗強化建材實用知識

裝修建材推陳出新，代代改良優化，設計師也非在第一時間熟透個別特性與用法，總經過反覆實驗與實務歷練，才逐一摸透，更何況是一般屋主，未必能全盤掌握各種建材。時下常見的梧桐鋼刷實木拼板，早期它的第一代便是梧桐木鋼刷木紋熱壓板，這是 10 年多前（約 2011 年左右）引進，受媒體報導，掀起一陣流行。

沒想到它的材質 - 梧桐木，木皮質地軟，潮濕環境下很容易長黴，溫度過熱，木皮則容易變色反黑，台灣是偏潮濕的海島型氣候，一些住宅靠山區、或較潮溼區域，梧桐木鋼刷木紋熱壓板容易有發霉、變黑問題。

圈列風險材質　避開禁忌使用範圍

但後來有第二代改良 - 梧桐鋼刷實木拼板，因為是實木關係，比第一代更耐潮，價格也相對較高。

面對這類型建材，或部分材質特殊，因先天或後天條件，使用上有些限制時，最好心中有把尺，羅列風險材質，避掉不該使用的區域範圍。例如，梧桐木拼板，不是不能用，而是可以選在氣候較乾燥的地方點綴使用。

至於風險材質，並非一被歸入後，使用機率便跟著減少，而是提供給設計者一個參考值。從建材的受潮與否、載重性、硬度狀況等，思索後續的施工難易度，與配合的工法，以及日後使用壽命等等因素，思索實現創意的可用手法有哪些。

↑ 在內地的設計案，就地取材當地便宜取得的火山洞岩，援作室內空間，創造意想不到效果。

要自己動手實驗
滾動式調整最佳設計

客製化的室內裝修，從草圖到落實施工作業，中間歷經諸多環節。前期需和屋主溝通討論，先有平面規劃，提案通過，緊接著謀策立面設計，到材質確認，最後拍板定案。真要進入施工期，又是一番交戰，許多複合式工種，有賴主控的設計師規範好步驟，避免施工亂了套。

施工圖精準拆解　配合打樣、放樣

施工圖畫得愈精準，再化繁為簡，拆解步驟，搭配現場說明，工班師傅按著步驟規則，可讓施工更有效率。例如客製化水槽，先有不鏽鋼水槽當主體，再用石材包覆，選用的水龍頭，則會因挑選的廠牌，有其標準施工規範，無論是角度、位置甚至尺寸，都有一套 SOP。

↑ 現場畫圖放樣，讓師傅可以邊做邊比對。

↑ 知道建材的優缺點，才能知道該把他們放在哪個地方。

詳細來說，鐵工廠先按尺寸打造不鏽鋼水槽，石材（大理石）廠商到現場，根據鐵工完成的水槽結構，和設計師現場討論與丈量尺寸，而鐵工還得到現場定位安裝，看有無需要拿回工廠修改，最後才交由石材廠商來作後續的施工步驟即可。

自行測試各種條件
確保成品美觀又實用

但魔鬼細節在藏這裡。客製的水槽還不夠，它需要有完美的濺水角度，才能稱上設計的獨門奧義。水槽做得再怎麼漂亮，但水龍頭流出的水，卻把整個枱面弄得溼答答，會折損設計美意。

所以設計規劃時，應先考量到水龍頭出水角度距離，實驗模擬水槽石材應有的立面傾斜度，不至於讓出水時，四處噴濺，且水花會形成圓形波浪，才是好設計。

很多時候，設計師也是在案場學經驗。勤勞跑工地，和師傅來回確認各種細節。最好的技巧是把複雜的圖面變簡單，一個個好懂的說明，加上良善的溝通，還怕師傅沒做到位？

↑ 水槽和水龍頭不是裝上去就好，規劃時須注意水龍頭出水角度與距離。

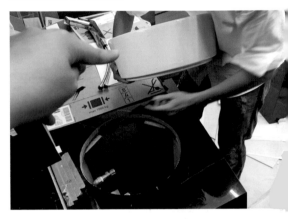

↑ 衛浴設備固定前，一定要再經過比對。

↑ 水槽枱面正式安裝前，需事先經測量打版確認，才能裁切適當大小。

自然況味石皮牆
乾式複合施工一關卡一關

· 乾掛石皮 + 鐵件 + 壓克力條 + 照明
· 多元複合式施工
· 控制材質尺寸差，讓不同建材無縫拼接

一顆飽滿零雕琢的大石塊，石材廠進行切工，刨掉不平整的表層後，再進行切割需要的石材，那些被切割掉的石材表層，業界稱做石皮，早些時候大眾對其接受度不高，不過近幾年來，室內設計師大膽地將其運用在空間創作，以石皮乾式施工（廢材有春天），來打造主牆視覺，讓空間呈現一種自然粗獷韻味。

一般的做法是將石皮表層高壓水沖，將外表雜質沖洗乾淨後，石皮表面顏色會變得較一致，變得素雅。另一種手法是保留石皮原本經過風吹日曬的天然色澤痕跡。看似有髒汙的石皮，有著各種顏色，但天然有天然的美好，不見得一定要高壓水沖洗去自然給予的原貌。換種方式來處理表層，單用水稍微沖洗，不上任何漆料，純粹保留石皮原有色澤，用這種渾然天成的況味來跟較細緻的鐵件、壓克力鑲嵌拼接，石皮主牆也或許有種粗獷和精緻碰撞的驚豔美。

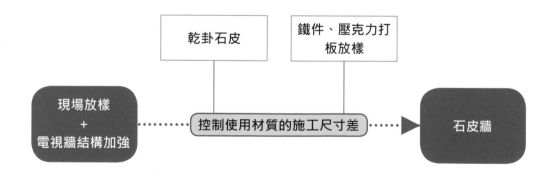

但要做石皮的電視主牆，一定得先確認你家的牆壁夠不夠力皮，可否支撐得起石皮重量，畢竟石材很重，萬一遇到輕隔間牆，石皮一掛，結構載重力不足，輕隔間牆跟著結構受損，整個石皮掉落砸傷人。

輕鋼構釘鎖樓板天花地坪　強化石皮支撐力

圖中案例是新成屋，剛開始以為牆壁是鋼筋混凝土，應該很堅固，後來發現是乾式輕隔間，不能直接鎖石皮，所以吊掛石皮的骨架，得以鋼構角鐵在天（樓板）跟地（地坪）做一道強化防護，將結構體鎖住，固定在地板和樓板，上下施力分攤石皮牆的支撐力。

記住，不能因有做天花板，而把鋼料鎖釘在天花板的角料，角料連一塊石皮都撐不住的。一定要請鐵工用鐵件、鋼構角鐵鎖住樓板，吊掛石皮時，同步考慮石皮沉重重量，單靠一根鋼構角鐵是不足夠，得在兩塊石皮拼接交界處，再補下一根強化結構。

↑ 乾卦石皮電視牆，要考慮牆的支撐結構。

異材質拼接留意施工尺寸差
打板放樣動作不能少

這道電視牆除了石皮，還要拼接鐵件和壓克力等多元材質，但後續鐵件的尺寸大小不能按設計圖先行裁切，全都要在現場重新放樣測量。因為每樣工種施工，都有它的施工尺寸差，有個正負誤差值在，直接照圖施工，可能會發生壓克力等不是切割過小，造成留縫太大得用矽立康補邊，不然就是裁太大，鐵件壓克力塞不進去石皮縫隙。

所以石皮一上牆固定，鐵工要先打版確認實際的尺寸大小，再回工廠裁切鐵件，二度回施工現場鑲嵌切割好的鐵件。背後的壓克力施工步驟也是如此，必經過打版放樣過程。

待整個石皮牆搭建好，換木工進場，正式將天花封板，打造電視櫃，水電師傅也要進來處理電視牆的開口穿線，諸如網路、電器、照明配線，最後才交班油漆。

↑ 石皮牆當初構想是，盡量保留石皮原始樣貌，僅拿掉表面泥土雜質。

↑以為要乾卦石材的隔間是混凝土，一查才知是乾式輕隔間，後續施工工法得跟著有所調整。

↑這是近收尾階段，家電軟裝設備進場，電視枱面怕有汙損，先用夾板保護。

NOTE　石板牆施工流程

別人眼中不起眼的材質，有可能是設計創意的瑰寶。從天然石材切割下的石皮，到乾卦室內電視牆裝飾，一路走過不少繁複手續。單一個乾卦石皮工程，現場動輒 7 到 8 人才能合力組成。

1　上山（石材廠）挑石材，按事先規劃的分割圖，
　　以機器水切需要的尺寸大小。

2　以清水用棕刷洗去石材表面
　　泥土雜質，避免破壞石材原
　　本自然色澤。

按照設計圖依序排列石皮，
在石材廠進行現場模擬，確
定無誤後，在側邊寫上編號。
若覺排列當下，石紋色澤不
合乎預期，可再用棕刷適度
刷洗想要的紋感。

3 石皮運送工地，按編號排列，最好將編號秀在同一邊顯眼處，方便辨認，這可讓乾卦石皮師傅可按編號直接施工，不用在工地還要重頭翻找，浪費施工時間。

4 鐵工需先固定石皮所需的鐵件支撐結構，因現場屬於輕隔間，鐵件力道的固定點得鎖在樓板和地板，隨後現場石皮放樣，再焊接一根根鋼構角鐵。

5 石皮重量很是沉甸甸，單靠一根鋼構角鐵固定，容易承受不住，所以當石塊面積較大，必須在兩塊石皮的交界處再下鋼構角鐵，增強支撐點。一面鐵工焊鋼架，一面石材緊接上掛鎖住固定。

6 石皮施工期間，周圍的木作天花封板會暫時告段落，只看得到天花角材，等石皮乾卦階段結束，沒問題了，木作才會跟進，進行另一階段工程，如將天花封板或搭建電視牆櫃櫃體。這時，鐵件亦會進場施工。

7 石皮間留縫做鐵件設計，現場可請木工師傅用夾板打版，因石皮背後還有鋼構角鐵，凹凹凸凸，每處留縫要仔細校正放樣，依序編號，才能交給工廠切對鐵件尺寸。緊接著鐵工師傅進場鑲嵌鐵片，按先前打版編號，依序嵌入石皮牆內。

8 壓克力板也比照鐵件施工流程，等水電進行照明配線，安裝燈管，測試無誤後，再卡上壓克力板，重新測試燈光效果有無達到想要的氛圍。

中島設計帶入雕塑感。

IDEA 2 中島石皮不鏽鋼嵌實木
多工無縫拼接粗獷藝味

· 天然石皮與鏡面拋光
· 中島枱面不鏽鋼亂紋拼接
· C 型鋼結構強化 + 客製實木餐桌

屋主（使用者）要什麼，往往只拋大方向，得慢慢往周邊深究，挖掘可用元素。當初該案例的屋主提到喜歡泡茶、喜歡日式，自己又愛收藏木雕，珍藏不少檜木實木，最好能把他的收藏放進家裡。因此，在開放式的廚房餐廳區，特別量身訂製中島嵌餐桌，利用工法與設計上的技巧，放入屋主收藏的實木，透過粗獷和細緻的衝突對話，來呈現屋主期盼的茶道哲學。

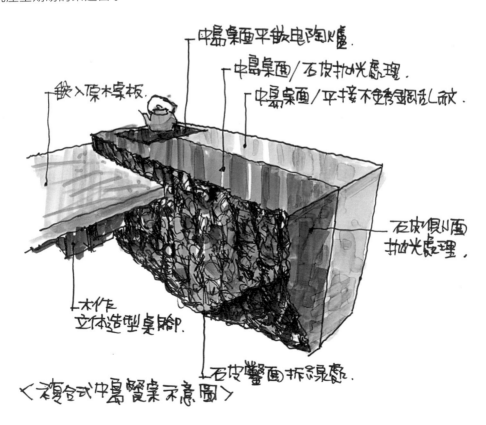

中島桌面平嵌电陶炉.
中島桌面/石皮拋光處理.
中島桌面/平接不鏽鋼亂紋.
嵌入原木桌板.
石皮倒小面 拋光處理.
木作 立体造型桌胕.
石皮醫面拆線處.

〈複合式中島餐桌示意圖〉

拋磨工法變化材質紋理　兼具實用和雕塑藝術感

中島枱面選擇不鏽鋼和石皮材質，藉由不同拋磨技巧來彰顯三種不同紋理表層，考慮這裡的實用機能性，不鏽鋼枱面亂紋工法處理，維持平滑觸感，平接拋磨鏡面的石皮，側面不規則狀的石皮拼接改換成原本石皮的粗糙面，讓中島宛如雕塑藝術。

C 型鋼加強實木餐桌結構
錯落堆疊藝術桌腳

屋主收藏的實木拿來當餐桌枱面，因為重量頗沉，普通木作支架怕不堪負荷，一定要用 C 型鋼來加強結構性，使其更加穩固。

而為了營造雕塑藝術感，連帶餐桌桌腳擷取朱銘雕塑的輪廓，安排不同方塊高低堆疊成弧線，貼 3 種實木木皮，但這還是得考慮人體工學，餐椅可闔放得進餐桌底下，坐餐椅時也不會被卡到。

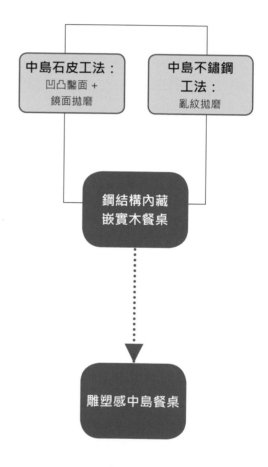

中島石皮工法：
凹凸鑿面 +
鏡面拋磨

中島不鏽鋼
工法：
亂紋拋磨

鋼結構內藏
嵌實木餐桌

雕塑感中島餐桌

TIPS
木工貼皮忌諱潮濕

貼木皮的木作，使用沒幾年便脫落沒黏緊？這跟使用習慣有關係。貼木皮最怕潮濕，用水潑或用過於潮濕的抹布擦拭，長期下來，木皮很容易剝落。

↑複合式中島餐桌，鋼構步驟不可少。

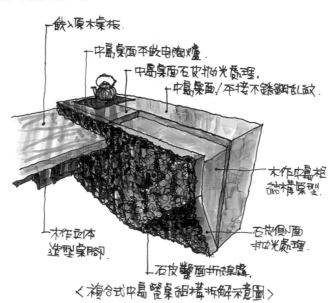

嵌入原木桌板.

中島桌面下嵌電陶爐.

中島桌面石皮拋光處理.

中島桌面/承接不銹鋼瓦斯.

木作中島框
結構原型

石皮側面
拋光處理

木作立體
造型桌腳

石皮彎面折線處.

〈複合式中島餐桌鋼構拆解示意圖〉

1 按造型需求，由木作先將中島桶身雛形建構出輪廓，同時留意插座開關和電陶爐鑲嵌需要的開口大小，施作前務必和師傅再次核對尺寸。

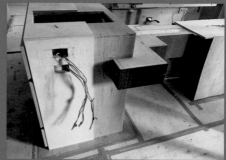

2 因餐桌枱面是沉重實木，木作的角料過輕不好支撐，會再用 C 型鋼來加強，C 型鋼需精準放入卡榫內，得精算兩者施工尺寸差，鐵工需事先放樣。

3 餐桌桌腳是高高低低堆疊的方塊組合，利用 3 種不同顏色木皮貼皮造型，為讓木作師傅好施工，在設計圖上除了標記方塊的尺寸，建議可標色表示使用哪種木皮，師傅可方便進行，不易出錯。

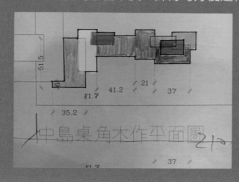

4 主結構完成，再貼石材和不鏽鋼，因為是不同材質平接成中島枱面，要
留意兩種材質的規格和厚度，不能在同一表面有高有低，這在木作桶身
時就要預留做出適當的施工尺寸距離。

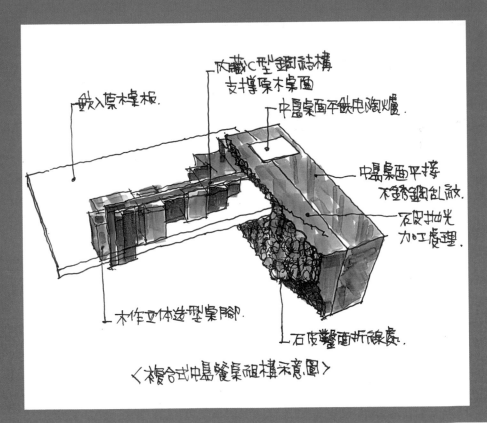

隱藏C型鋼結構
支撐原木桌面

中島桌面平嵌電陶爐.

嵌入原木桌板.

中島桌面平接
不鏽鋼亂敏.

反射拋光
加工處理.

木作立体造型桌脚.

石皮整面折線處.

〈複合式中島餐桌組構示意圖〉

1 直接用整根原木刨製成餐桌，粉筆畫出想要尺寸，保留樹頭斜切，剩下的木料也沒浪費，拿來當桌腳。和木材工廠溝通說明全寫畫在木頭上。

2 替木桌刨磨上保護塗料，因為是整根 4 米 4 長木頭做成，一定要用 C 型鋼支撐，不然動輒 7 個大男生扛的餐桌，一垮會壓傷人。

2 初切割刨下的實木，還不能馬上使用，得經過一道道拋磨處理，表面保持一定程度光滑，塗上還原漆，讓木頭本身色澤紋理可被凸顯出來。

4 現場實際組裝，一張大木桌結構只有桌面和桌腳，且桌面是完整式，沒有再切割現場拼組，所以搬運時至少動用 7 名壯丁，進入出口也要評估能否搬得進去。

↑ 塗料處理木餐桌表面，好凸顯材質紋理。

↑ 4米4客製實木餐桌，直接以整根實木剖半打造。　　↑ 餐桌側面就是原實木剖面，沒多加工。

↑ 到木材廠找合適木頭，4米4長的樹木保留原樹頭紋路，直接剖半當餐桌。

露台似窗非窗寒爐煮茶
現場實驗水幕雨遮深度

- ・保留水泥板模原型
- ・鋼絲隱形鐵窗
- ・集水槽 + 鐵板雨遮

這是個用少少預算做出大大效果的最佳驗證。主建物 2 樓對外的方盒造型露台，現場勘查，建築體尚未完工，牆壁只灌漿拆掉模板，地板上還有個小坑洞。有鑑於露台開口寬敞，深度也夠，戶外自然景色盡入眼簾，同時考慮屋主的預算，提出用最簡單、最少的設計，變化露台創意設計，以空無的佗寂感為前提，單純呈現建築結構本身混凝土壁面原況，地板上的小坑洞則以圓盤鐵件加以改造，型塑寒爐煮茶的禪意空間。

↑體會寒爐煮茶的佗寂美。

牆壁去釘打磨　小坑洞填砂隔熱煮茶

因既有牆面拆除板模，表面留有鐵釘尖銳物，為確保安全，以及希望的佗寂美學，交由工班師傅以打磨器處理掉釘模板的釘子，直接將牆壁、地板打磨至光滑平整。至於地板上的小坑洞，保留原狀，特別訂做圓盤鐵件放置孔洞，另外考慮燒炭的高溫熱度，放置砂當隔熱層，讓屋主和三五好友可在此燒炭煮茶，邊眺望自然山景，也可是一處冥想殿堂。

↑原本露台的實際狀況。

細鋼絲取代
玻璃、欄杆

（安全性）

水泥模板
露台　·······　保留拆模板現況 + 基礎防水　·······▶　寒爐煮茶
侘寂美學

（機能性）

鐵件雨遮防水波
濺室內　　　室內落地窗

↑露台沒有太多修飾物，牆壁打磨處理，維持原貌，呼應侘寂美學。

防水綁鋼絲取代傳統欄杆　鐵片雨遮木工打版計算尺寸深度

開放式的露台為人身安全，傳統做法是用欄杆或直接安裝落地玻璃門窗，考慮有可能破壞露台開口原來景色，過度封閉也會讓空氣不太流通，改用軟鋼絲，上下架軌道一根根繫綁細鋼絲，保有安全性但又不會影響景觀。但若干大的開口，一個雨水會潑打進來，弄得到處濕答答。

↑模擬雨遮深度。

考量現場環境，遇及颱風或有豪大雨，整個露台容易地面全濕，為解決該問題，在開口上部加作鐵片當雨遮集水槽。請記住，所有施工過程都有個很重要的放樣打版動作，避免用料規格尺寸出狀況，所以拿來做雨遮的鐵片，也要先打版模擬調整大小，同時還要模擬不同天候雨水量落下，雨遮尺寸深度有無適當。因為鐵片深度太深，鐵片重量加上雨水重量，恐會影響承受力，所以需再三模擬確認無疑後，方能將正確規格交給鐵工廠製作。

NOTE 鋼絲隱形鐵窗注意事項

1 安裝鋼絲又要鑲嵌雨遮鐵片，彷彿飄在鋼筋混凝土上，絲毫不卡縫，單在接合的細小細縫填灌矽利康。一切全靠打版階段要精準落實。

2 鐵片還有洗洞集水槽，可集中雨水，媲美花灑作用，讓雨水落下變雨絲。但因為是在戶外，風吹雨淋的，會建議在防水部分，基礎工程不可少。

↑ 施工期間，沒有雨遮的現場，雨水一大，會濺濕滿地，這得靠設計來解決問題。

↑ 考慮安全性和實用性，露台和 2 樓室內之間還是有加做落地窗。

↑空間設計必須因地制宜。

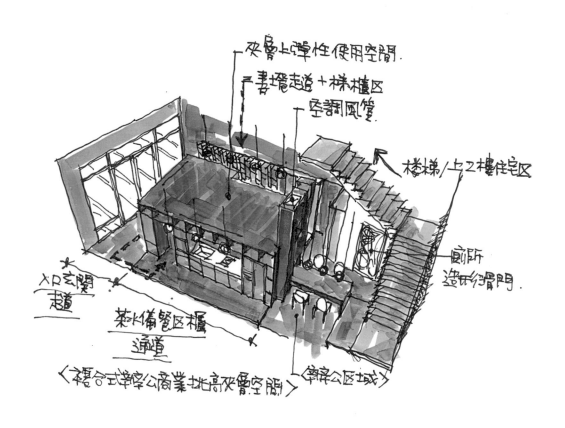

夾層上彈性使用空間.

書牆走道＋樣櫃區

空調風管.

樓梯/上2樓住宅區

入口玄關
走道

菜水備餐區櫃
通道

廁所
造型拉滑門.

辦公區域

〈複合式辦公商業挑高夾層空間〉

↑鋼構屋中屋工序一環扣一環，設計師需和相關工班師傅說明仔細，現場更需精準放樣，確認施工尺寸。

IDEA 4　內藏鋼構屋中屋
鐵件和木作的零尺寸差做工

‧鋼構立柱架構屋中屋骨架

‧木作收納

‧鐵件結構體內藏空調、照明

空間小歸小，五臟俱全，滿足從事旅行社工作的屋主，一樓當工作室，二樓個人臨時住家。最大亮點是一樓屋中屋，擁有書牆、流理工作台兼當接待訪客的迷你咖啡區、個人辦公桌、大量抽屜收納櫃等功能應有盡有。

主體設計很是簡單，建材用料沒太多樣化，搭配顏色色彩，在迴游式的動線設計下，單用鋼構和夾板玩出創意的極致，另外還考量到使用者要的實用機能性。這一切要先在紙上沙盤推演，到了現場，要和不同工班師傅們溝通，現場就地取材說明，來回丈量，務求精準掌控施工尺寸差。

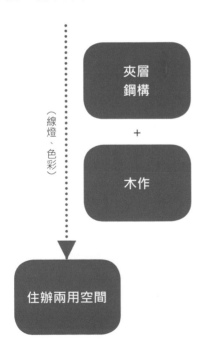

（線燈、色彩）

夾層鋼構

＋

木作

↓

住辦兩用空間

↑麻雀雖小，五臟俱全的鋼構屋中屋。

夾層鋼構要精準
內藏空調、燈線與風管

打造屋中屋的第一步，是要先下鐵件角料立柱（骨架），要能支撐起夾層，務必選用C型鋼構，仔細看圖中的鋼構體，它不是正方或長型形狀，是有點梯狀，這是因為配合嵌入斜線燈條位置，裏頭還要包藏空調管線、出風口等基礎工程。

所以夾層骨架須現場測量放樣，裁鑄最精準的實體。鐵工做到位了，才能交棒給下個水電、木作和空調施工。

永遠要記住設計圖是當現場施工參考用，慣性拿著圖依據現場去做微調、去做最好處理。

↑鋼構立柱要站立的點在哪，以及周邊木造結構位置，現場都要再放樣確認。

↑拆除後，鐵工進場放樣，確認後才能生產正式的夾層骨架，最好木作、水電等工種師傅也要在，好現場討論溝通不同工種的施工介面與尺寸範圍。

↑精準丈量尺寸，減少施工尺寸差。

↑鐵工、水電、空調、木作等不同工種須依序施工。

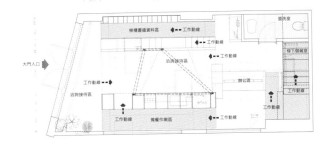

←屋中屋 1 樓平
面設計示意圖。

NOTE　屋中屋施工要領

1 單用一根鐵件圓管銜接騰空的工作枱面，仍需考慮它的載重能力，所以
會在桌板內藏鐵件，加強承重力道。

2 卡槽燈條力求精緻，這也是要經過一次又一次精準丈量得來。原本下好
鋼構和夾板整個包覆後，不同材質堆疊下，會造成施工尺寸差，所以安
裝燈條前務必測量準確，不然會影響美感。

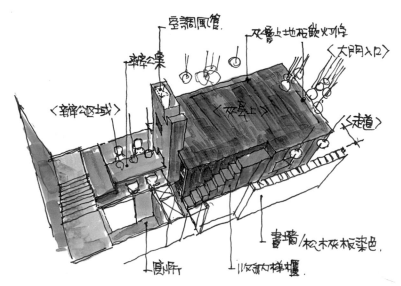

空調風管　辦公桌　夾層上地板嵌灯帶　大門入口　〈辦公區域〉　〈夾層上〉　〈走道〉　書牆/松木夾板染色　廁所　收納文梯櫃

〈複合式辦公商業挑高夾層空間示意圖〉

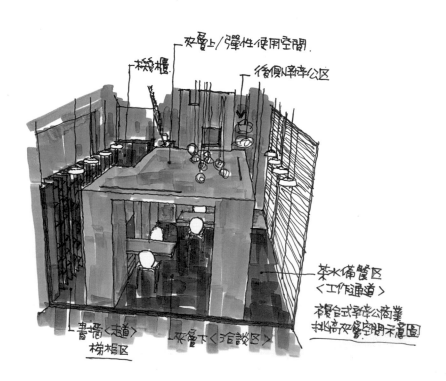

夾層上/彈性使用空間　板機櫃　後偶N辦公区　茶水備餐区〈工作通道〉　複合式辦公商業挑高夾層空間示意圖　書牆〈走道〉梯櫃区　夾層下〈洽談区〉

看似簡易的木造設計，其實內部涉及複雜的結構力學。

房子挑高有天窗再好不好過，但考量到未來的使用性，以及原本格局僅有一座樓梯搭蓋到一半，無法勾著天窗清掃，又有漏水問題，衡量整體預算，改變樓梯結構，裁鋸掉樓梯下方的鐵件支撐，仿效吊橋模式，另搭建一座天橋，改由天橋的 C 型鋼結構焊接圓管，輔助樓梯支撐力，避免樓梯軟掉。

設計的奧義

· 布幔遮擋天窗，讓光柔和且隔熱
· 樹脂地板
· 架高空橋，改變原樓梯結構支撐點

↑鋼構架設天橋，要計算好載重。　↑空中步道概念的空橋設計。

因該空間所在地潮濕多雨，故
選用潑墨樹脂地板，可抗反潮。

設計師的機智工地生活：
和師傅溝通一次 OK

作者	柯竹書、楊愛蓮
總經理暨總編輯	李亦榛
特助	鄭澤琪
主編	張艾湘
編輯協力	Kula
視覺版面構成	古杰
版面編排	黃綉雅

出版公司	風和文創事業有限公司
地址	台北市大安區光復南路 692 巷 24 號 1 樓
電話	02-27550888
傳真	02-27007373
Email	sh240@sweethometw.com
網址	www.sweethometw.com.tw

設計師的機智工地生活：和師傅溝通一次 OK / 柯
竹書、楊愛蓮著 . -- 初版 . -- 臺北市：風和文創事
業有限公司, 2022.01
面；公分
ISBN 978-626-95383-0-0(平裝)
1. 建築工程 2. 施工管理 3. 室內設計
441.52   110018663

IESG

台灣版 SH 美化家庭出版授權方
凌速姐妹（集團）有限公司
In Express-Sisters Group Limited

公司地址	香港九龍荔枝角長沙灣道 883 號億利工業中心 3 樓 12-15 室
董事總經理	梁中本
Email	cp.leung@iesg.com.hk
網址	www.iesg.com.hk

總經銷	聯合發行股份有限公司
地址	新北市新店區寶橋路 235 巷 6 弄 6 號 2 樓
電話	02-29178022

製版	彩峰造藝印像股份有限公司
印刷	勁詠印刷股份有限公司
裝訂	祥譽裝訂股份有限公司
定價	新台幣 460 元
出版日期	2022 年 1 月初版一刷